袖珍人偶娃娃
造型服飾裁縫手冊

—從基礎入門到應用修改—

Doll Coordinate Recipe for a small doll

関口妙子
Sekiguchi Taeko

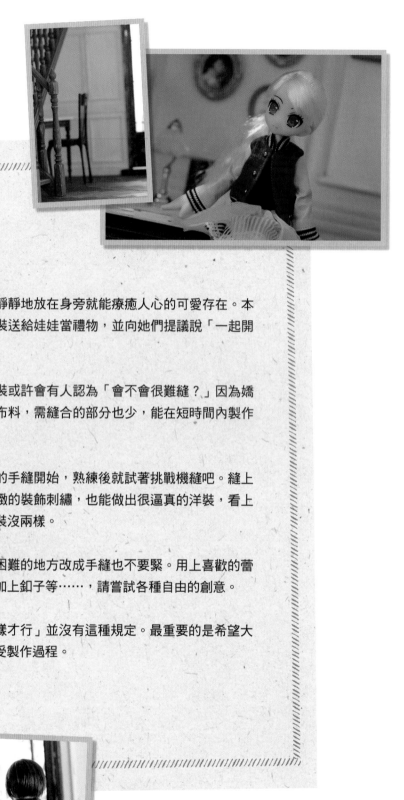

前言

　　嬌小娃娃是靜靜地放在身旁就能療癒人心的可愛存在。本書是將小巧的洋裝送給娃娃當禮物，並向她們提議說「一起開心地玩吧！」

　　小尺寸的洋裝或許會有人認為「會不會很難縫？」因為嬌小，只使用少許布料，需縫合的部分也少，能在短時間內製作完成。

　　首先從簡單的手縫開始，熟練後就試著挑戰機縫吧。縫上小領子，加上細緻的裝飾刺繡，也能做出很逼真的洋裝，看上去與大尺寸的洋裝沒兩樣。

　　覺得機縫很困難的地方改成手縫也不要緊。用上喜歡的蕾絲、緞帶裝飾或加上釦子等……，請嘗試各種自由的創意。

　　「必須是這樣才行」並沒有這種規定。最重要的是希望大家都能快樂地享受製作過程。

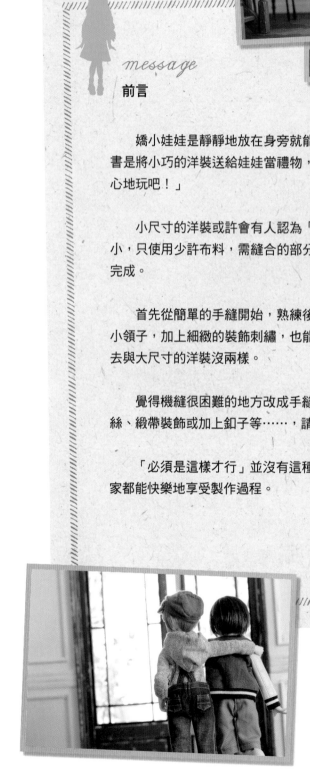

contents
前言

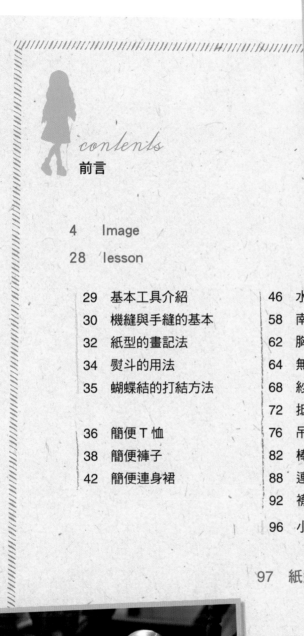

Lesson ▶ 抵肩上衣 p72、吊帶褲 p76
紙型 ▶ 抵肩上衣 p119、吊帶褲 p121
Model ▶ ruruko

Lesson ▶ 胸罩 p62、吊帶褲 p76、無袖上衣 p64
紙型 ▶ 胸罩 p108、吊帶褲 p105 & p111、無袖上衣 p108
Model ▶ Pico excute（部分 custom）

Lesson ▶ 水手領連身褲 p115、無袖上衣 p64、吊帶褲 p76
紙型 ▶ 水手領連身褲 p115、無袖上衣 p117、吊帶褲 p123
Model ▶ Ante & Miu（scon size）

Lesson ▶ 水手連身裙 p46、三折襪 p93
紙型 ▶ 水手連身裙 p114、三折襪 p127
Model ▶ ruruko（custom）

13

Lesson ▶ 胸罩 p62、南瓜褲・襯褲 p58、過膝襪 p92、三折襪 p93
紙型 ▶ 胸罩 p108、南瓜褲 p108、襯褲 p108、三折襪・過膝襪 p113
Model ▶ Pico excute（部分 custom）

Lesson ▶ 連帽衫 p88、背帶裙 p117、南瓜褲 p58、蕾絲襪 p93
紙型 ▶ 連帽衫 p126、背帶裙 p117、南瓜褲 p116、蕾絲襪 p127
Model ▶ Odeco & Nikki

Lesson ▶ 背帶裙 p116、南瓜褲 p58、
蕾絲襪 p92
紙型 ▶ 背帶裙 p116、南瓜褲 p116、蕾
絲襪 p127
Model ▶ ruruko（custom）

Lesson ▶ 抵肩連身裙 p120、水手領上衣 p115、吊帶褲 p76
紙型 ▶ 抵肩連身裙 p120、水手領上衣 p115、吊帶褲 p122
Model ▶ iMda 1.7

Lesson ▶ 棒球外套 p82、無袖上衣 p64、紗裙 p68
紙型 ▶ 棒球外套 p124、無袖上衣 p117、紗裙 p118
Model ▶ ruruko

Lesson ▶ 抵肩連身裙 p72
紙型 ▶ 抵肩連身裙 p119
Model ▶ Middle Blythe

Model ▶ Lil' fairy

23

Lesson ▶ 連帽衫 p88、吊帶褲 p76、棒球外套 p82、無袖上衣 p64、紗裙 p68、三折襪 p93
紙型 ▶ 連帽衫 p113、吊帶褲 p111、棒球外套 p112、無袖上衣 p108、紗裙 p109、三折襪 p113
Model ▶ Pico excute (部分 custom)

Lesson ▷ 水手領上衣 p115、紗裙 p68
紙型 ▷ 水手領上衣 p115、紗裙 p118
Model ▷ iMda 1.7

Lesson ▶ 南瓜褲 p58
紙型 ▶ 南瓜褲 p116
Model ▶ iMda 1.7

Lesson

　　終於要開始製作獻給嬌小娃娃的衣服了。首先確認工具和裁縫的基本技術，再學習各種洋裝的基本製作步驟。

　　第一次挑戰做娃娃衣服的人推薦 p36～的簡便服裝。因為過程使用布用接著劑黏貼，這些課程要縫的地方較少。

　　習慣做洋裝的人就從喜歡的洋裝開始吧！縫起來困難的部分可以改用手縫或省略。裝飾及開口的處理等地方，可以發揮創意用自己喜歡的方法進行。

本書中協助解說製作方法 Lesson 的是「1/12 Pico EX☆Cute」的小花。

①製作小洋裝的預備知識

②不使用縫紉機也能做好的簡便服裝

③進階到應用的初步基本服裝

本書將介紹上述項目。

②與③的基本步驟外，還介紹參考該課程能做出的洋裝一覽。請當作提示，自行改造做出加以應用的洋裝吧！

基本工具介紹

介紹在製作小娃衣時手邊若有就會很方便的工具。

除這些以外再準備些筆記用具會更方便。

尺
畫完成線或量裁片時使用。15cm 左右的短尺會比較方便。

記號筆
推薦馬克筆類型。可選用水消除的比較方便。

防綻液
用來防止布料鬆脫。在裁切好的裁片布邊上少許並確實乾燥。

布用小剪刀
使用在裁切裁片及剪線上。比起大的縫紉剪刀，小剪刀比較適合用來裁切小的裁片。另外記得準備拿來剪紙的剪刀。

針
手縫時使用。毛線針則作為穿帶器使用。

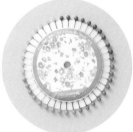

珠針
縫製時用來暫時固定不讓位置跑掉。

布用接著劑
暫時固定裁片或黏貼縫份時使用。一定要選布料專用的接著劑。

錐子
將裁片的角勾出來、壓住手很難碰到的部分，以及整理縮縫的皺褶時使用。

鉗子
將裁片翻出正面時使用。幫娃娃換衣服時也能派上有場，有一把鉗子會很方便。

拆線器
在縫錯等狀況要拆掉縫線時使用。

攝影工具提供：KONISHI 股份有限公司（布用接著劑）、Clover 股份有限公司（尺、防綻液、毛線針以外）

機縫與手縫的基本

本書中將有機縫與手縫的步驟登場。基本步驟的頁面上有各別分開使用，但按照喜好用哪邊都行。在開始製作前，先檢視一下兩種方法的基本技巧吧。

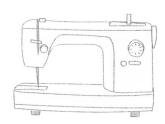

● 機 縫

機縫有分家庭用、職業用、工業用等縫紉機。本書中製作的娃娃衣是使用家庭用縫紉機即可享受樂趣。處理牛仔布時，要是有處理厚布的功能會更方便，沒有的話還是能縫。注意不要出現跳針慢慢縫吧！

檢查線的張力

機縫是靠上下線互勾來縫合。調整到兩條線的張力一致。在開始縫之前先用碎布等試縫。參考左圖，調整成兩邊都不會浮線的漂亮縫線吧！

※線張力的調整方法依縫紉機而異。請在閱讀縫紉機的說明書後進行。

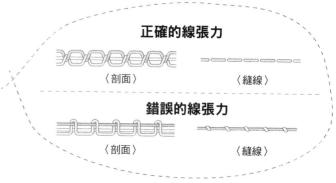

機縫的基本

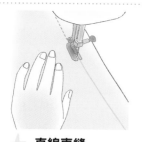

★ **直線車縫**
在完成線上下針直線縫製。

★ **回針縫**
為了不讓縫線脫落而在起針和收針處倒退數針。

★ **變換方向**
讓針維持落下狀態，拿起壓布腳轉動布料，改變縫的方向。

● 手 縫

手縫的基本
介紹在本書所製作的娃娃衣很常使用的手縫基本技巧。平針縫和全回針縫兩種都是縫合時使用的方法。縫上蕾絲或裝飾時使用平針縫。要縫合身片等需要牢固的狀況使用全回針縫，像這樣按照用途分別活用吧！

★ **起針打結**
開始縫之前將線的前端打結

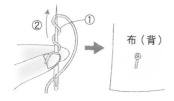

①拿線在針上繞兩圈。
②將線往下拉做出打結。

★ **收針打結**
在止縫處打結，讓縫線不會鬆掉

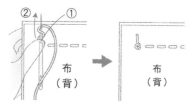

①把針壓在縫線上，將線繞針兩圈。
②用手指按住線將針拉起。

★ **珠針的固定法**

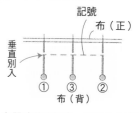

在記號的兩端①、②與中央③別入珠針。
要縫很長的部分時，在中心③與末端①或②之間以等距離追加。

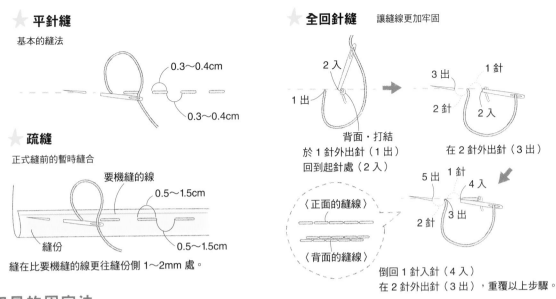

☆ **平針縫**

基本的縫法

0.3～0.4cm

0.3～0.4cm

☆ **全回針縫** 讓縫線更加牢固

2 入

1 出

3 出　1 針

2 針　2 入

背面·打結
於 1 針外出針（1 出）
回到起針處（2 入）

在 2 針外出針（3 出）

5 出　1 針　4 入

2 針　3 出

〈正面的縫線〉

〈背面的縫線〉

倒回 1 針入針（4 入）
在 2 針外出針（3 出），重覆以上步驟。

☆ **疏縫**

正式縫前的暫時縫合

要機縫的線

0.5～1.5cm

0.5～1.5cm

縫份

縫在比要機縫的線更往縫份側 1～2mm 處。

扣具的固定法

登場於本書的扣具該如何固定？用在蓋上後方的開口等時機使用。魔鬼氈建議使用薄的縫合類型。縫的方法請參照基礎步驟（p.39）。

☆ **旗袍鉤**

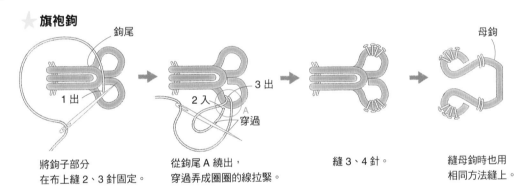

鉤尾

1 出

母鉤

2 入　穿過　3 出

將鉤子部分
在布上縫 2、3 針固定。

從鉤尾 A 繞出，
穿過弄成圈圈的線拉緊。

縫 3、4 針。

縫母鉤時也用
相同方法縫上。

☆ **線環**

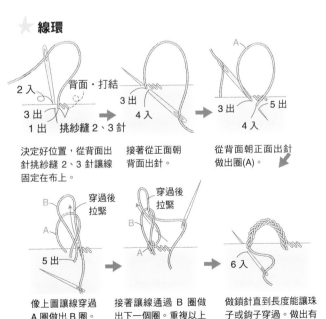

2 入

背面·打結
3 出
1 出　挑紗縫 2、3 針

A

3 出　4 入

3 出　5 出
4 入

決定好位置，從背面出
針挑紗縫 2、3 針讓線
固定在布上。

接著從正面朝
背面出針。

從背面朝正面出針
做出圈(A)。

穿過後拉緊　B
A
5 出

穿過後拉緊
B
A

6 入

像上圖讓線穿過
A 圈做出 B 圈。

接著讓線通過 B 圈做
出下一個圈。重複以上
步驟做出鎖針。

做鎖針直到長度能讓珠
子或鉤子穿過。做出有
弧度的山並確實縫在布
上。

☆ **鈕扣風珠子的固定法**

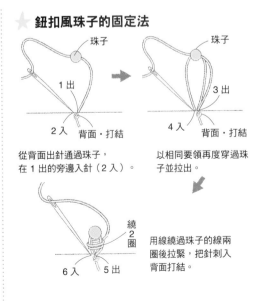

珠子

1 出

2 入　背面·打結

珠子

3 出

4 入　背面·打結

從背面出針通過珠子，
在 1 出的旁邊入針（2 入）。

以相同要領再度穿過珠
子並拉出。

繞
2
圈

6 入　5 出

用線繞過珠子的線兩
圈後拉緊，把針刺入
背面打結。

紙型的畫記法

本頁將會說明紙型的畫記法與記號。
對小件的洋裝來說，紙型的畫記非常重要。
慎重地照紙型畫記，裁切也要正確地進行。
若看不懂紙型上的記號，請在確認完 p33 後再進行畫記。

> 在布料下墊砂紙或不織布等可止滑的東西會比較好畫。

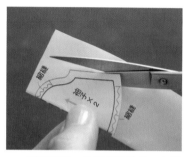

1 影印紙型，沿裁切線剪裁。有摺雙線記號的地方要將紙型對摺，以重疊的狀態裁切。

2 將紙型放在布料上，用手確實壓好讓紙型不會移動，沿周圍將紙型畫記上去。

3 畫上前中心等必要的記號。

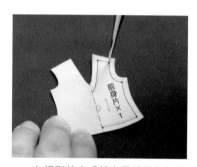

4 在紙型的完成線上用錐子在各轉角等處打數個洞。

5 將打好洞的紙型疊在 **3** 的布料上，以用筆在洞的中央標出點的方式畫出記號。

6 將畫好的點與點連接畫出完成線。

7 較長的直線等處用尺正確地畫出線。

> 完成線若是習慣了有縫份的感覺，只要有點的記號不用畫線也沒關係，但小件的衣服只要稍微偏離一點成品就會改變，為了盡可能以正確的縫份寬度來縫合，還是畫上線吧。

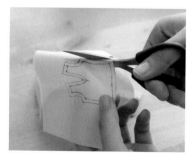

8 沿著畫好的裁切線剪下布料，並在布邊塗上防綻液。

紙型的各部名稱

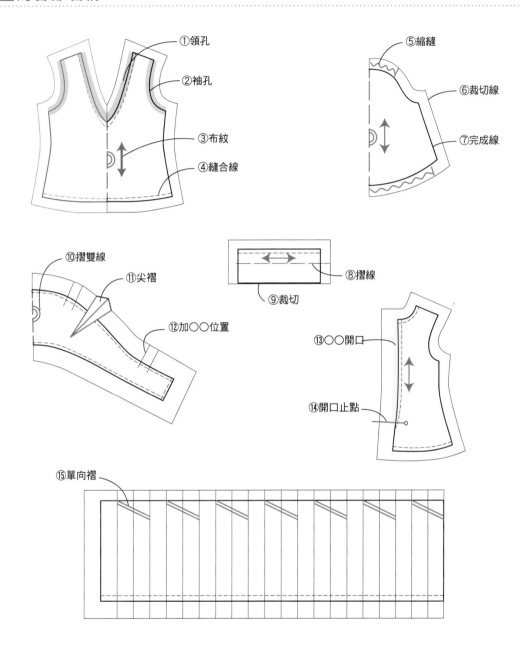

①領孔…沿著脖子周圍的線。
②袖孔…袖子和身片接合的部分。
③布紋…表示布料的方向(紋)。
④縫合線…表示要縫的位置。
⑤縮縫…表示要加入縮縫的位置。
⑥裁切線…表示含縫份的尺寸。
⑦完成線…表示縫好後的尺寸。
⑧摺線…表示要摺的地方。

⑨裁切…不加縫份直接裁切布的記號。
⑩摺雙線…以記號為分界要準備對稱紙型的記號。
⑪尖褶…摺尖褶的記號。
⑫加○○位置…加上肩帶或蝴蝶結的位置。
⑬○○開口…穿脫衣服用的開口處。會加在後背開口等部位。
⑭開口止點…開口結束的地方。縫到此為止的地方。
⑮單向褶…摺單向褶的地方。從較高的往較低的摺。

熨斗的用法

為了要漂亮地完成娃娃衣服,多多使用熨斗吧!
本書的基本步驟-使用迷你熨斗,但一般大小的家庭用蒸氣熨斗也可以。
來確認依用途分類的熨斗用法吧!

★ 把縫線弄整齊

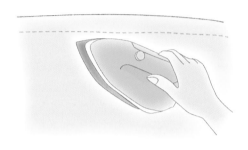

為了能比較好縫,用熨斗燙平。

★ 攤開縫份

將縫份用手攤平,以壓的方式燙平。

★ 讓縫份倒向單側

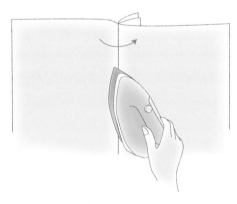

打開一邊的布,讓縫份倒向單側用
熨斗燙平。

要使用的布料事先
用熨斗燙平,去除
掉摺痕等部分吧!

蝴蝶結的打結方法

介紹在本書中使用，搭配在洋裝等服裝上的蝴蝶結綁法。
為了不讓搭配用的蝴蝶結背面有異物感，不要先綁平結而是直接綁。
雖然是做成給小娃娃的大小，一開始不要做的太小，先綁大一點，
要完成時再縮小作業會比較簡單。

1　準備稍微長一點的緞帶會比較好綁。

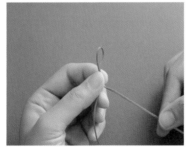

2　在其中一邊做一個圈。這時弄出圈的那一邊要留較長的緞帶。

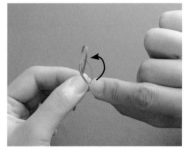

3　將留比較長的緞帶繞在 2 的圈上。

穿過

4　穿過在 3 繞上去的緞帶，做出另一邊的圈。

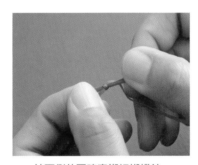

5　拉兩側的圈確實綁好蝴蝶結。

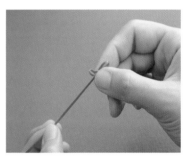

6　拉緞帶尾端，將圈的尺寸調整到喜歡的大小。

7　拉兩側的圈，重新確實綁好。

8　綁好後的樣子。確認蝴蝶結是否有外翻。

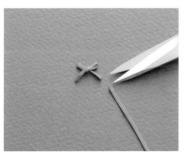

9　依喜歡的長度剪掉緞帶尾端，塗上防綻液，完成。

簡便 T 恤的製作方式

簡便服裝是不用縫紉機也能做衣服的課程。
首先是用一張紙型就能做出來的單純連肩袖 T 恤。
將喜歡的圖案用熨斗轉印來改造一番吧。

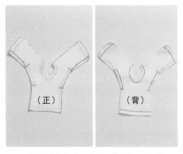

1　將布料裁切成各裁片，加上記號。※若要用熨斗轉印請在這時貼上。

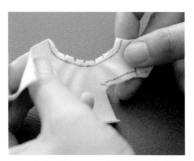

2　剪出數個牙口，讓領孔的縫份能摺得很漂亮。

3　將領孔與袖孔的縫份沿完成線摺起，以布用接著劑固定後用熨斗燙平。

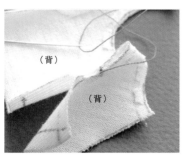

4　將袖口的止縫點～底部以正面相對重疊，在完成線上以回針縫縫合。始縫處縫兩次增加堅固度。

5　將兩側在完成線上縫合。

6　用熨斗攤開燙平縫份。

7　在下襬的縫份上以點狀塗上布用接著劑，壓平均勻塗抹。

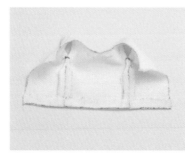

8　將下襬沿完成線摺起黏上，用熨斗燙平。

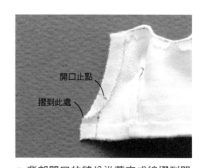

9　背部開口的縫份沿著完成線摺到開口止點稍微往下的地方，用布用接著劑固定。

10 將後中心以正面相對重疊，下襬～開口止點以和側面相同要領縫合。

11 用熨斗攤開燙平縫份。

（正）

12 翻出正面，用熨斗整燙，調整整體的形狀。

13 在背部開口上加線環和珠子，完成。

正面相對指的是布料的正面與正面在內側的方式重疊喔！

簡便褲子的製作方式

很容易搭配的單純短褲。
要修長還是修短，改變長度就可變化出多種褲子。

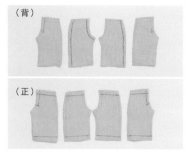

1　將布料裁切成各裁片，並塗上防綻液。

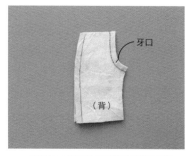

2　將兩片前褲身以正面相對重疊，在前中心的完成線上以回針縫縫合。縫份剪出牙口。

3　用熨斗攤開燙平縫份。

4　將前褲身與後褲身的兩側以正面相對重疊，在完成線上以回針縫縫合。

5　縫合兩側，用熨斗攤開燙平縫份。

6　下襬沿完成線摺起，以布用接著劑固定。

7　將兩邊下襬摺起固定的樣子。

8　將腰部沿完成線摺起，以布用接著劑固定。

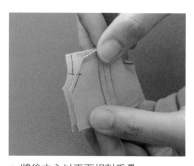

9　將後中心以正面相對重疊。

用機縫加上裝飾縫合線，也能做出很逼真的褲子喔！

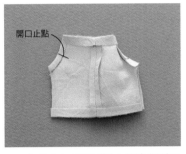

開口止點

10 在後中心的完成線上將底部到開口止點以回針縫縫合。

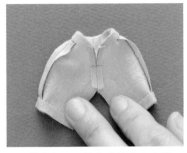

11 將背部開口沿完成線向左右摺，以布用接著劑黏住。

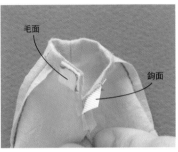

毛面

鉤面

12 將魔鬼氈的鉤面與毛面各自縫在背部開口上。

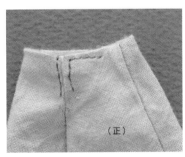

（正）

13 魔鬼氈的毛面縫在中心旁的側邊與頂部兩邊角落上。

剪出牙口

14 將下褲襠以正面相對重疊，畫上完成線，在線上以回針縫縫合，縫份剪出牙口。

（正）

15 翻出正面，用熨斗整燙，調整整體的形狀。

16 完成。

簡便 T 恤＆褲子一覽

於本書登場的娃娃

Mini Sweets Doll（OBITSU11）／Brownie／Pico EX Cute（Picco Neemo S）／Lil'Fairy（Picco Neemo D）／ruruko、EX☆CUTE 家族 (Pure Neemo XS) ／Odeco & Nikki／Midi Blythe／iMda 1.7／Ante & Miu (scon)

Lesson p36、38

簡便 T 恤（S 尺寸）
image p40／紙型 p98

改造：無

OBITSU11	◎	Odeco & Nikki	×
Brownie	◎	Midi Blythe	×
Picco S	○	iMda 1.7	×
Picco D	○	scon	×
Pure XS	×		

簡便 T 恤（M 尺寸）
image p40／紙型 p99

改造：在前身片上加上熨斗轉印

OBITSU11	○	Odeco & Nikki	×
Brownie	○	Midi Blythe	×
Picco S	◎	iMda 1.7	×
Picco D	◎	scon	×
Pure XS	×		

簡便 T 恤（L 尺寸）
image p40／紙型 p100

改造：在一邊的領孔縫上蝴蝶結

OBITSU11	×	Odeco & Nikki	◎
Brownie	×	Midi Blythe	◎
Picco S	×	iMda 1.7	◎
Picco D	×	scon	△
Pure XS	◎		

簡便褲子（S 尺寸）
image p11、40／紙型 p98

改造：無

OBITSU11	◎	Odeco & Nikki	×
Brownie	◎	Midi Blythe	×
Picco S	◎	iMda 1.7	×
Picco D	◎	scon	×
Pure XS	×		

簡便褲子（M 尺寸）
image p40／紙型 p99

改造：無

OBITSU11	◎	Odeco & Nikki	×
Brownie	◎	Midi Blythe	×
Picco S	◎	iMda 1.7	×
Picco D	◎	scon	×
Pure XS	×		

簡便褲子（L 尺寸）
image p40／紙型 p101

改造：無

OBITSU11	×	Odeco & Nikki	◎
Brownie	×	Midi Blythe	×
Picco S	×	iMda 1.7	◎
Picco D	×	scon	×
Pure XS	◎	將褲長改短 2cm	

簡便褲子（L 尺寸）
image p25／紙型 p101

改造：在腰部、拉鍊、
下襬處加上縫合線

OBITSU11	×	Odeco & Nikki	◎
Brownie	×	Midi Blythe	×
Picco S	×	iMda 1.7	◎
Picco D	×	scon	○
Pure XS	◎	將褲長改短 2cm	

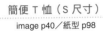

簡便連身裙的製作方式

方領低腰的優雅連身裙。
加上很多蕾絲或用珠子裝飾，可以做出風格又截然不同的連身裙。

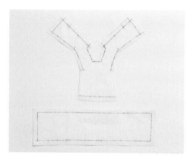

1　將布料裁切成各裁片，並塗上防綻液。

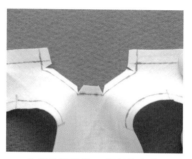

2　在領孔縫份的 4 個轉角處剪出牙口。

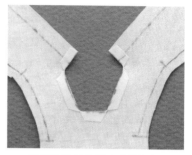

3　將領孔和袖孔沿完成線摺起，以布用接著劑固定，用熨斗燙平。
※因為布料很薄，注意別沾太多接著劑。

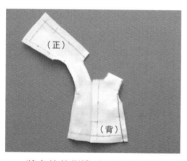

4　將身片的側邊以正面相對重疊，再從袖底的止縫點到下襬的完成線上以回針縫縫合。

5　將兩側縫合。

6　用熨斗攤開燙平縫份。

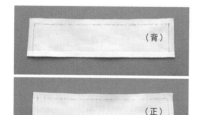

7　將裙襬沿完成線摺起，以布用接著劑固定，用熨斗燙平（上）。再將蕾絲疊到裙襬上，以布用接著劑固定（下）。

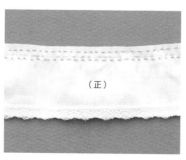

8　夾著裙子腰間的完成線，以平針縫加上盡可能緊密的兩條縮縫用的縫合線。

9　線的兩端稍留長一些，在縫完的尾端將兩條線打死結。

用各種花紋的布來做看看吧！

10 拉起縫側的線讓碎褶集中。

11 將變短的碎褶慢慢鬆開，配合身片的腰部長度。

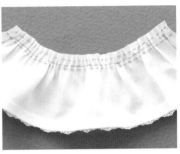

12 打死結不讓線鬆開，並用熨斗燙讓碎褶定型。

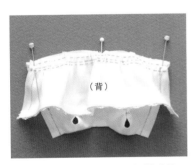

（背）

13 將身片和裙子以正面相對重疊，在兩端和中心用珠針固定。

14 在身片與裙子腰間的完成線上以回針縫縫合。

15 剪斷縮縫用的縫合線後拉出。

（正）

16 讓縫份倒向身片側用熨斗燙平。

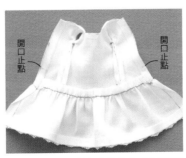

開口止點　開口止點

17 背部開口的縫份沿著完成線摺到開口止點稍微往下的地方，以布用接著劑固定。

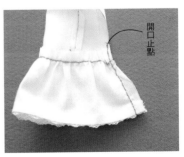

開口止點

18 從後中心的底部到開口止點為止以正面相對重疊，在完成線上以回針縫縫合。

19 攤開縫份用熨斗燙平。

（正）

20 翻出正面，用熨斗整燙，調整整體的形狀。

21 在背部開口上加線環和珠子，完成。

Lesson p42

簡單連身裙一覽

於本書登場的娃娃

Mini Sweets Doll（OBITSU11）／Brownie／Pico EX Cute（Picco Neemo S）／Lil' Fairy（Picco Neemo D）／ruruko、EX☆CUTE 家族（Pure Neemo XS）／Odeco & Nikki／Midi Blythe／iMda 1.7／Ante & Miu（scon）

<table>
<tr>
<td align="center">簡便連身裙（S 尺寸）
image p44／紙型 p98</td>
<td align="center">簡便連身裙（M 尺寸）
image p44／紙型 p99</td>
<td align="center">簡便連身裙（L 尺寸）
image p44／紙型 p100</td>
</tr>
<tr>
<td></td>
<td></td>
<td></td>
</tr>
<tr>
<td align="center">改造：在腰部兩側縫上蝴蝶結</td>
<td align="center">改造：在領孔貼上蕾絲</td>
<td align="center">改造：在身片的前中心貼上蕾絲</td>
</tr>
</table>

OBITSU11	◎	Odeco & Nikki	×
Brownie	◎	Midi Blythe	×
Picco S	○迷你裙長度	iMda 1.7	×
Picco D	○迷你裙長度	scon	×
Pure XS	×		

OBITSU11	×	Odeco & Nikki	×
Brownie	◎	Midi Blythe	×
Picco S	◎	iMda 1.7	×
Picco D	◎	scon	×
Pure XS	×		

OBITSU11	×	Odeco & Nikki	△※長裙長度
Brownie	×	Midi Blythe	○長裙長度
Picco S	×	iMda 1.7	○長裙長度
Picco D	◎	scon	×
Pure XS	×		

※Nikki 要將開口止點往下移

水手連身裙的製作方式

方領型的水手領連身裙。

也有標準的水手領紙型。

把百褶裙改成碎褶裙等，有各種能增添樂趣的方式。

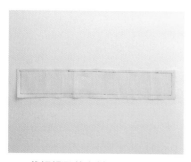

1 裁切裙子的布料，塗上防綻液。畫上完成線。

2 裁切前身片的布料，塗上防綻液。畫上完成線和中心。

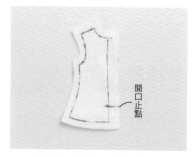

3 裁切後身片的布料，塗上防綻液。畫上完成線和開口止點。

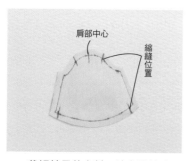

4 裁切袖子的布料，塗上防綻液。畫上完成線、肩部中心、縮縫位置。

5 裁切袖口布的布料，塗上防綻液。畫上完成線。

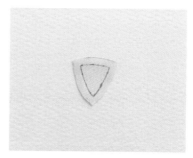

6 裁切胸擋的布料，塗上防綻液。畫上完成線。

7 領子不裁切布料，用紙型畫出完成線。僅在領孔部分也畫上裁切線。

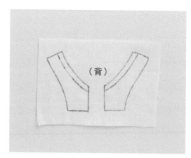

8 畫好記號後，將兩片布料以正面相對重疊。

9 在領孔以外的完成線上用縫紉機縫合。這時底下需鋪上紙再一起縫。

鉗子在做小件的洋裝時會發揮很大的功用喔！

10 沿著縫線將紙撕開，取下布料。

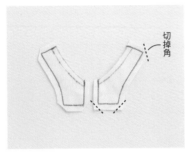

切掉角

11 留下 3mm 的縫份剪掉布料並切掉角。

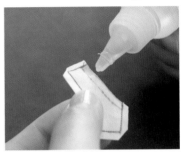

12 在領孔部份塗上防綻液並確實乾燥。

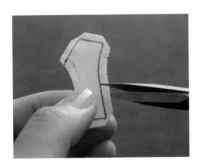

13 在縫份的曲線上剪出數個牙口。

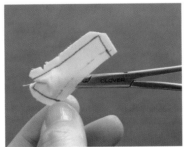

14 鉗子從領孔伸進去，夾住尖角。

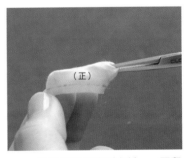

15 一面注意不要傷到布料，一面翻出正面。

翻出尖角

16 用錐子將尖角漂亮地翻出來。

17 翻回正面，用熨斗整燙。

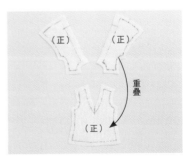

（正）　（正）

重疊

（正）

18 將前後身片以正面相對重疊在一起。

19 將前後身片沿肩部的完成線縫合。

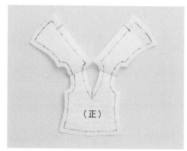

20 打開身片將肩部的縫份攤開。

（背）

21 將攤開的縫份用熨斗燙平。

（正）

22 將前身片中心的記號和領子前端的完成線尖端重疊。

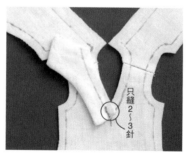

只縫2〜3針

23 在重疊的領子完成線上縫數針。

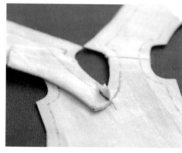

24 以立起縫份尖角的方式摺出摺線。

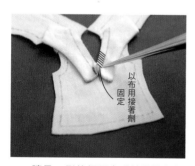

以布用接著劑固定

25 讓另一側的領子完成線前端在前中心對齊。

只縫2〜3針

26 在完成線上縫數針。這時要注意不要把另一側的縫份也縫進去。

與後身片加領子的位置對齊

27 將後身片加領子的位置與領子尾端的尖端對齊。

背面相對指的是布料的正面與正面以在外側的方式重疊喔！

28 以在身片的領孔加上領子的方式確實重疊，並以布用接著劑固定。

29 將左右的領子從後身片～前身片中心在完成線上縫合。

30 在前身片中心的縫份剪出牙口。

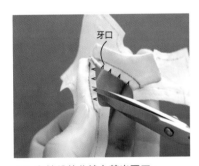

31 在縫份的曲線上剪出牙口。

32 讓縫份倒向背面，用熨斗燙平。

33 將領子平放，從正面確實用熨斗燙平。

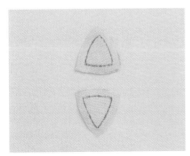

34 裁切胸擋的布料，塗上防綻液。畫上完成線。

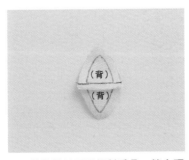

35 將胸擋以正面相對重疊，縫合頂部。

36 以背面相對重疊，用熨斗燙平。

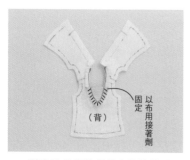

37 將身片的領孔縫份和胸擋的縫份重疊，以布用接著劑固定。

固定
以布用接著劑

（背）

38 確認從正面看起來時胸擋呈平行狀態。

（正）
（正）

39 一面用錐子壓住，小心不要把領子也縫進去，一面縫合兩者。

40 將領孔縫完一圈的樣子。

縫一圈

（正）

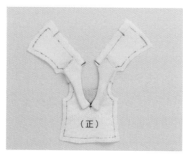

41 將領子平放，從正面確實用熨斗燙平。

（正）

42 從背面看起來的樣子。可確認到胸擋也一起縫上去了。

（背）

43 在袖子的袖口加上縮縫用的縫合線。縮縫用的縫線針眼要調大些並夾著完成線縫 2 條。留下較長的線尾。

44 將線的一端確實打結綁好。

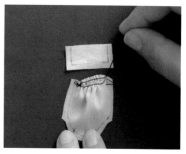

45 只拉下線配合袖口布寬度縮集碎褶。

46 將線尾打結固定碎褶。

47 將袖口布與袖口以正面相對重疊。

48 在完成線上縫合。

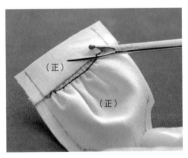

49 讓縫份倒向袖口布側，用熨斗燙平，拿拆線器切斷縮縫用的縫合線並抽掉。

50 以包住縫份的方式摺起袖口布。

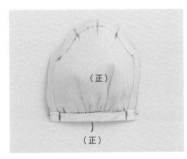

51 在袖口布的背面塗上布用接著劑並固定在袖子的背面。

52 另一個袖子也一樣加上袖口布，接著用機縫壓線。

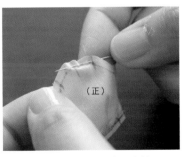

53 在袖山的縮縫位置進行串縫。

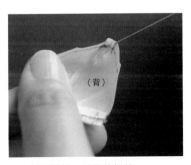

54 拉緊縫線，縮縫後打結。

55 另一個袖山也一樣縮集碎褶。

56 將袖子和身片重疊。

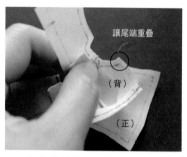

讓尾端重疊

57 讓身片的袖孔和袖子的尾端以正面相對重疊，進行疏縫。

58 兩邊袖子都疏縫完成的樣子。

59 讓袖子在上並將袖孔用機縫縫合。慢慢地縫，注意不要縫進多餘的部份。

60 將兩邊袖子都縫合完成的樣子。

61 拆掉疏縫線，讓縫份倒向袖子側。

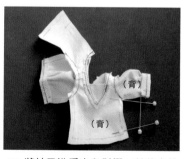

62 將袖子沿肩中心對摺，前後身片以正面相對重疊，在袖口、側面及下襬都用珠針固定。

63 將側面～下襬在完成線上縫合。

單向褶跟紙型一起摺
就不需要畫上記號,
所以很簡單喔!

64 在袖底和腋下的兩處縫份剪出牙口。

65 使用鉗子將袖子翻出正面。

66 用熨斗攤開燙平縫份。

67 身片完成。

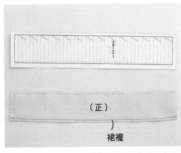

68 將裙襬沿完成線摺起並用熨斗燙平後用機縫壓線。準備裙子的紙型。

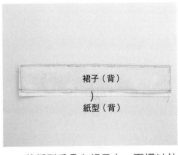

69 將紙型重疊在裙子上,下襬以外用針眼調大(4~5mm 左右)的機縫來加上疏縫。

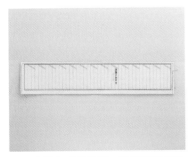

70 疏縫完成的樣子。疏縫用手縫也可以。

71 沿著紙型的單向褶摺線,把紙型和布料一起摺疊。

72 以褶子記號的斜線上位置較高的☆疊到位置較低的★上方的方式摺疊。

73 從靠近自己的一側往另一邊摺到底。

74 全部摺好以後,兩面確實用熨斗燙平。

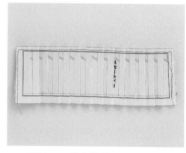

75 將在 69 縫上的周圍疏縫線拆掉,把紙從布料上取下。

76 拿掉紙的布料容易展開來,故拿熨斗確實壓平整燙單向褶。

77 單向褶完成。依摺的情況有時身片和腰部的長度多少會有些誤差。

78 將身片與裙子以正面相對重疊,兩端用珠針固定。再慢慢地配合腰部的長度均等地壓平單向褶,調整誤差。

79 在腰部的縫份上疏縫。

80 用縫紉機縫合腰部。

81 拆掉疏縫線。

雖然連身裙步驟很多，嘗試努力做出來吧！

82 將縫份倒向身片側，用熨斗燙平腰部。

83 將腰部從正面以機縫固定。

84 將背部開口的縫份從領子沿完成線摺到開口止點的記號，以布用接著劑固定。

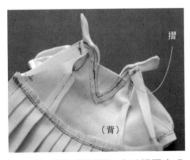

85 另一邊的背部開口也以相同方式處理。

86 將背部開口以機縫壓線。

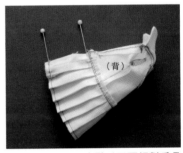

87 裙襬～開口止點以正面相對重疊並用珠針固定。

88 從底部縫合到開口止點，用熨斗攤開燙平後中心的縫份。

89 翻出正面，在背部的頂端加上線環和珠子。

90 完成。

水手連身裙一覽

於本書登場的娃娃

Mini Sweets Doll（OBITSU11）／Brownie／Pico EX Cute（Picco Neemo S）／Lil' Fairy（Picco Neemo D）／ruruko、EX☆CUTE 家族（Pure Neemo XS）／Odeco & Nikki／Midi Blythe／iMda 1.7／Ante & Miu（scon）

S 尺寸	M 尺寸	M 尺寸（Picco D）
image p7／紙型 p102	image p12／紙型 p107	image p22／紙型 p107

改造：
在水手衣領、胸擋、袖口布以機縫縫上緞帶
在前中心縫上珠子和蝴蝶結

改造：
在腰間以機縫縫上緞帶
胸擋處加上刺繡

改造：
在水手衣領、胸擋、裙襬以機縫縫上緞帶
裙子改成碎褶裙，在前中心縫上珠子和蝴蝶結

OBITSU11	◎	Odeco & Nikki	×
Brownie	◎	Midi Blythe	×
Picco S	○迷你裙長度	iMda 1.7	×
Picco D	△	scon	×
Pure XS	×		

OBITSU11	×	Odeco & Nikki	×
Brownie	×	Midi Blythe	×
Picco S	◎	iMda 1.7	×
Picco D	×	scon	×
Pure XS	×		

OBITSU11	×	Odeco & Nikki	×
Brownie	×	Midi Blythe	×
Picco S	◎	iMda 1.7	×
Picco D	◎	scon	×
Pure XS	×		

L 尺寸	L 尺寸水手領上衣（iMda）	L 尺寸水手領連身褲（scon）
image p13／紙型 p114	image p18、26／紙型 p115	image p10／紙型 p115

改造：在水手衣領、胸擋、袖口布以機縫 縫上緞帶，將袖子改成短袖	改造：請參照 p115 的製作方式	改造：請參照 p115 的製作方式

OBITSU11	✕	Odeco & Nikki	△※
Brownie	✕	Midi Blythe	△長度稍長
Picco S	✕	iMda 1.7	△※
Picco D	✕	scon	
Pure XS	◎		

※袖口布改寬。長度稍長

OBITSU11	✕	Odeco & Nikki	◎
Brownie	✕	Midi Blythe	◎
Picco S	✕	iMda 1.7	◎
Picco D	✕	scon	◎
Pure XS	○		

OBITSU11	✕	Odeco & Nikki	✕
Brownie	✕	Midi Blythe	○
Picco S	✕	iMda 1.7	○
Picco D	✕	scon	◎
Pure XS	✕		

南瓜褲的製作方式

蓬蓬的輪廓、很可愛的南瓜褲。
用喜歡的蕾絲和蝴蝶結來改造吧！

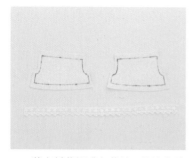

1　將布料裁切成各裁片，並塗上防綻液。

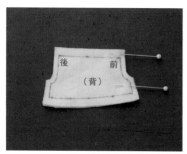

2　將左右身片的前中心以正面相對重疊，用珠針固定。

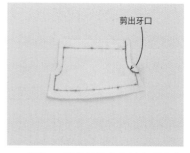

3　將在 2 重疊的前中心於完成線上縫合，在縫份上剪出牙口。

4　用熨斗攤開燙平縫份。

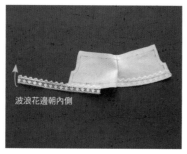

5　在身片的下襬將波浪花邊朝內側的蕾絲疊上去，以布用接著劑稍微固定。

6　在 5 的完成線上進行機縫。

7　將 6 的縫份倒向身片側。這時要拉出蕾絲，讓蕾絲從正面看得到，並用熨斗整燙。

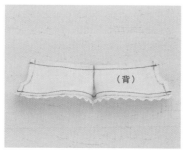

8　身片腰部沿完成線摺起，用熨斗燙平，並在腰部與下襬用機縫壓線。

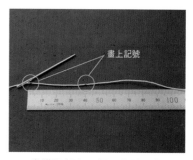

9　準備腰部和下襬用的鬆緊帶。依完成尺寸畫上記號，穿過織毛線用的針。

細鬆緊帶很容易拔出，故要確實進行回針縫！

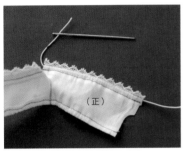

10 鬆緊帶穿過下襬。

11 依記號拉鬆緊帶並將兩端縫住。

12 腰部也用相同方法穿上鬆緊帶。

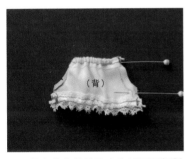

13 將左右身片的後中心以正面相對重疊，用珠針固定。

剪出牙口

14 用縫紉機縫合，在縫份上剪出牙口。

15 將前後身片的下褲襠重疊，用珠針固定。

16 用縫紉機將下褲襠縫合。

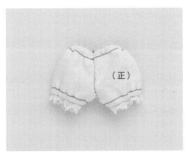

17 翻出正面，用熨斗整燙。

18 完成。

南瓜褲一覽

於本書登場的娃娃

Mini Sweets Doll（OBITSU11）／Brownie／Pico EX Cute（Picco Neemo S）／
Lil' Fairy（Picco Neemo D）／ruruko、EX☆CUTE 家族（Pure Neemo XS）／Odeco
& Nikki／Midi Blythe／iMda 1.7／Ante & Miu（scon）

S 尺寸

image p6／紙型 p102

改造：
在下襬的兩側縫上蝴蝶結

OBITSU11	◎	Odeco & Nikki	×
Brownie	◎	Midi Blythe	×
Picco S	○	iMda 1.7	×
Picco D	○	scon	×
Pure XS	×		

M 尺寸

image p14／紙型 p108

改造：
在下襬的兩側縫上蝴蝶結

OBITSU11	○	Odeco & Nikki	×
Brownie	○	Midi Blythe	×
Picco S	◎	iMda 1.7	×
Picco D	◎	scon	×
Pure XS	○		

S、M 通用尺寸

image p14／紙型 p108

改造：
下襬不穿鬆緊帶，從外側加上蕾絲
腰部縫上蝴蝶結

OBITSU11	◎	Odeco & Nikki	×
Brownie	◎	Midi Blythe	×
Picco S	◎	iMda 1.7	×
Picco D	◎	scon	×
Pure XS	◎		

S、M 通用尺寸

image p6／紙型 p108

改造：
下襬不穿鬆緊帶，從外側加上蕾絲
腰部縫上蝴蝶結

OBITSU11	◎	Odeco & Nikki	×
Brownie	◎	Midi Blythe	×
Picco S	◎	iMda 1.7	×
Picco D	◎	scon	×
Pure XS	×		

L 尺寸

image p17／紙型 p116

改造：
在下襬的兩側縫上蝴蝶結

OBITSU11	×	Odeco & Nikki	◎
Brownie	×	Midi Blythe	◎
Picco S	×	iMda 1.7	◎
Picco D	×	scon	◎
Pure XS	◎		

L 尺寸

image p27／紙型 p116

改造：無

OBITSU11	×	Odeco & Nikki	◎
Brownie	×	Midi Blythe	◎
Picco S	×	iMda 1.7	◎
Picco D	×	scon	◎
Pure XS	◎		

L 尺寸（Odeco & Nikki）

image p15／紙型 p116

改造：下襬無蕾絲
兩側縫上蝴蝶結

OBITSU11	×	Odeco & Nikki	◎
Brownie	×	Midi Blythe	◎
Picco S	×	iMda 1.7	◎
Picco D	×	scon	◎
Pure XS	◎		

胸罩一覽

於本書登場的娃娃

Mini Sweets Doll（OBITSU11）／Brownie／Pico EX Cute（Picco Neemo S）／Lil' Fairy（Picco Neemo D）／ruruko、EX☆CUTE 家族
（Pure Neemo XS）／Odeco & Nikki／Midi Blythe／iMda 1.7／Ante & Miu（scon）

M 尺寸
image p8、14／紙型 p108

改造：
在中心縫上珠子裝飾

OBITSU11	×	Odeco & Nikki	×
Brownie	×	Midi Blythe	×
Picco S	◎	iMda 1.7	×
Picco D	◎	scon	×
Pure XS	×		

M 尺寸
image p8、14／紙型 p108

改造：
在中心縫上珠子和蝴蝶結

OBITSU11	×	Odeco & Nikki	×
Brownie	×	Midi Blythe	×
Picco S	◎	iMda 1.7	×
Picco D	◎	scon	×
Pure XS	×		

S、M 通用尺寸
image p6／紙型 p103

改造：請參照背帶裙
p103 的製作方式

OBITSU11	◎	Odeco & Nikki	×
Brownie	◎	Midi Blythe	×
Picco S	◎	iMda 1.7	×
Picco D	◎	scon	×
Pure XS	×		

L 尺寸（Odeco & Nikki）
image p15／紙型 p117

改造：請參照背帶裙
p117 的製作方式

OBITSU11	×	Odeco & Nikki	◎
Brownie	×	Midi Blythe	○
Picco S	×	iMda 1.7	○
Picco D	×	scon	○
Pure XS	○		

L 尺寸（ruruko）
image p17／紙型 p116

改造：請參照背帶裙
p116 的製作方式

OBITSU11	×	Odeco & Nikki	△ 縮短肩帶長度
Brownie	×	Midi Blythe	△
Picco S	×	iMda 1.7	△
Picco D	×	scon	×
Pure XS	○		

胸罩的製作方式

尺寸非常小的胸罩。
和南瓜褲用相同布料製作,弄成可愛的搭配吧!

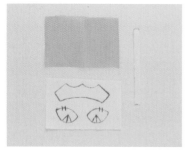

1　胸罩的裁片非常小,所以在布料上畫記,不先進行裁切。

2　肩帶裁片的兩端往內摺,縱向往內摺兩摺後以布用接著劑固定。對半剪做出肩帶。用緞帶等東西替代也可以。

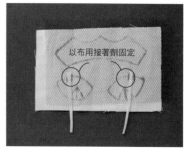

3　在罩杯加肩帶的位置以布用接著劑固定肩帶,並疊上當裡布的薄紗。

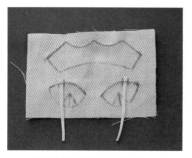

4　分別縫合下半部和罩杯的頂端。

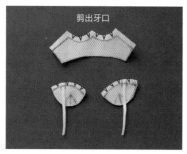

5　留下 3mm 縫份裁切各裁片。這時要注意別把肩帶剪斷。在要連接罩杯的地方剪出牙口。

6　塗上防綻液,乾了之後剪掉縫份的角。

7　各別翻出正面。

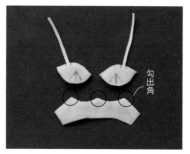

8　罩杯、下半部皆用錐子勾出角,用熨斗整型。

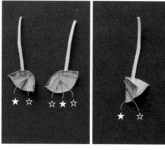

9　將罩杯的表布和薄紗一起抓住縫尖褶☆。

用尖褶做出罩杯的弧線，就能做出雖然很小但看起來很正式的成品。

完成線

10 讓尖褶倒向外側，用熨斗燙平。畫上罩杯底部的完成線。

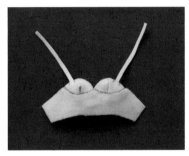

11 將下半部與罩杯在完成線上重疊，以布用接著劑固定。

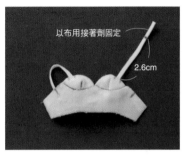

以布用接著劑固定

2.6cm

12 將肩帶疊到下半部的肩帶位置上，以布用接著劑固定。

13 在下半部的頂部壓線。

14 將下半部的後中心與底部沿完成線摺起，以布用接著劑固定。

15 在下半部的底部壓線。

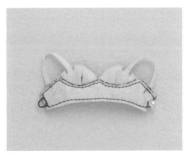

16 在背部加上線環和珠子。

17 線環如果太鬆就容易鬆脫，所以調整成緊一點。

18 完成。

無袖上衣的製作方式

在當襯衣方面很活躍的簡單無袖上衣。
加上蕾絲或蝴蝶，稍微改造後也能當主角級服裝。

1　將紙型畫記到裁切成小片的布料上。

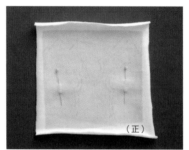

2　在布料的正面疊上薄紗，用珠針固定。

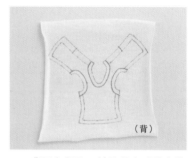

3　背面在領孔、袖孔的完成線上進行機縫。

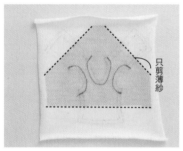

4　前後身片都只將薄紗剪掉胸口以下的部分。

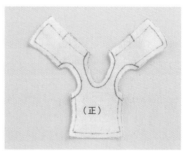

5　沿裁切線將布料與薄紗一起剪裁。

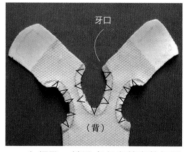

6　在領孔、袖孔處各自剪出數個牙口。

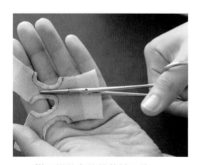

7　鉗子從前身片的薄紗下伸入。

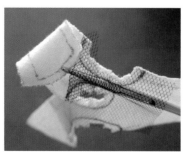

8　接著抓住後身片的下襬。

9　穿過薄紗把下襬拉出來。

拿薄紗當裡布,縫份處理起來就很簡單。輪廓也能完成的很清爽。

10 肩膀的部分很狹窄,需小心不要扯破薄紗,一點一點地拉出來。

（背）（正）

11 拉出一邊,並翻出來的樣子。

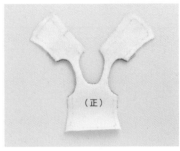

（正）

12 兩邊都拉出來後用錐子弄出曲線,用熨斗整型。

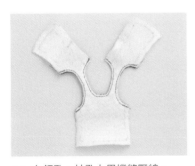

13 在領孔、袖孔上用機縫壓線。

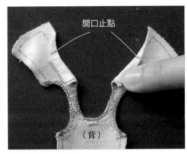

開口止點

（背）

14 將背部開口的縫份從領子～開口止點記號沿完成線摺起,以布用接著劑固定。

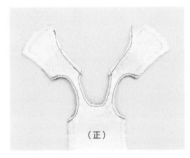

（正）

15 將背部開口用機縫壓線固定。

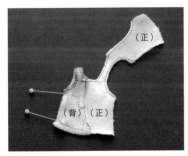

（正）

（背）（正）

16 在肩中心上對摺,前後身片以正面相對重疊,側面、下襬用珠針固定。

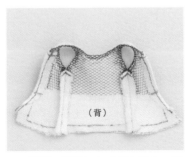

（背）

17 側面～下襬在完成線上縫合,用熨斗攤開燙平縫份。

18 下襬沿完成線摺起,以布用接著劑固定。

65

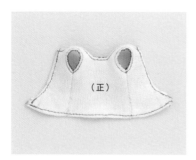

19 下襬用機縫壓線。

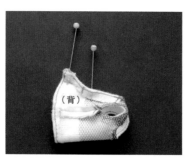

（背）

20 將後中心的下襬～開口止點以正面相對重疊，用珠針固定。

21 將後中心的下襬～開口止點在完成線上縫合。

22 用熨斗攤開燙平縫份。

（正）

23 翻出正面，用熨斗整燙。

24 在背後的頂端加上線環和珠子。

25 完成。

無袖上衣一覽

於本書登場的娃娃

Mini Sweets Doll（OBITSU11）／Brownie／Pico EX Cute（Picco Neemo S）／Lil' Fairy（Picco Neemo D）／ruruko、EX☆CUTE 家族（Pure Neemo XS）／Odeco & Nikki／Midi Blythe／iMda 1.7／Ante & Miu（scon）

S 尺寸	M 尺寸	M 尺寸
image p20／紙型 p103	image p8、24／紙型 p108	image p22／紙型 p108

改造：	改造：無	改造：無
在前中心加上蕾絲和縫上珠子裝飾		

OBITSU11	◎	Odeco & Nikki	×
Brownie	◎	Midi Blythe	×
Picco S	○	iMda 1.7	×
Picco D	○	scon	×
Pure XS	×		

OBITSU11	△	Odeco & Nikki	×
Brownie	△	Midi Blythe	×
Picco S	◎	iMda 1.7	×
Picco D	◎	scon	×
Pure XS	×		

OBITSU11	△	Odeco & Nikki	×
Brownie	△	Midi Blythe	×
Picco S	◎	iMda 1.7	×
Picco D	◎	scon	×
Pure XS	×		

L 尺寸	L 尺寸	L 尺寸
image p19／紙型 p117	image p25／紙型 p117	image p10／紙型 p117

改造：無	改造：無	改造：無

OBITSU11	×	Odeco & Nikki	○
Brownie	×	Midi Blythe	○
Picco S	×	iMda 1.7	○
Picco D	×	scon	△
Pure XS	◎		

OBITSU11	×	Odeco & Nikki	○
Brownie	×	Midi Blythe	○
Picco S	×	iMda 1.7	○
Picco D	×	scon	△
Pure XS	◎		

OBITSU11	×	Odeco & Nikki	○
Brownie	×	Midi Blythe	○
Picco S	×	iMda 1.7	○
Picco D	×	scon	◎
Pure XS	△長度稍短		

紗裙的製作方式

多層輕飄飄的薄紗布料做出來的少女風裙子。
蕾絲薄紗和圓點薄紗等有少許韌性的薄紗用一片，
軟薄紗等又薄又柔軟的薄紗建議疊兩片。

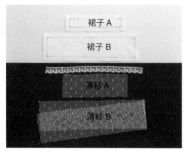

1　將布料裁切成各裁片，並塗上防綻液。

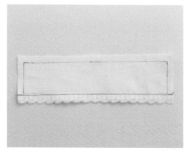

2　在裙子 B 的裙襬疊上蕾絲，以布用接著劑稍微固定，再用縫紉機縫上。

3　在裙子 B 和薄紗 B 分別縫上縮縫用的縫合線。

4　配合裙子 A 的寬度縮緊裙子 B 的碎褶。

5　配合裙子 A 的寬度縮緊薄紗 B 的碎褶。

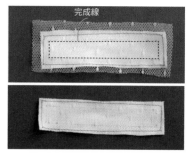

6　在裙子 A 疊上裁切成較大尺寸的薄紗 A，於完成線的外側以機縫縫合。配合裙子 A 的大小裁切薄紗 A。

7　將裙子 B 和薄紗 B 重疊，在腰部縫合，並將 6 以正面相對重疊，以珠針固定。

8　將 7 用縫紉機縫合，拆掉縮縫用的縫合線。

9　翻起裙子 A，將縫份倒向 A 側，以熨斗燙平後，用機縫壓線。這時薄紗 B 也用熨斗整燙。

薄紗 A 依照喜好
不加也可以喔！

10 將腰部沿完成線摺起，用熨斗燙平。

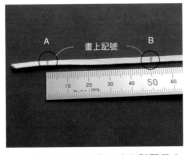

11 按照腰部的完成尺寸在鬆緊帶上做記號。

12 將腰部的右端和鬆緊帶的記號 B 重疊，用珠針固定。

13 讓鬆緊帶的記號 A 和腰部左端重疊，下面鋪紙後讓縫紉機的針落下。

14 在鬆緊帶上縫了 2～3 針後，拉鬆緊帶調整長度，接著縫到最後。

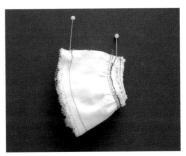

15 拿掉紙張，將後中心以正面相對重疊，用珠針固定。

16 在後中心的完成線上縫合。

17 用熨斗攤開縫份，翻出正面。

18 完成。

紗裙一覽

於本書登場的娃娃

Mini Sweets Doll（OBITSU11）／Brownie／Pico EX Cute（Picco Neemo S）／Lil' Fairy（Picco Neemo D）／ruruko、EX☆CUTE 家族（Pure Neemo XS）／Odeco & Nikki／Midi Blythe／iMda 1.7／Ante & Miu（scon）

S 尺寸
image p20／紙型 p104

改造：
裙子 A 不縫上薄紗直接繼續下個步驟

OBITSU11	◎	Odeco & Nikki	×
Brownie	◎	Midi Blythe	×
Picco S	△長度稍短	iMda 1.7	×
Picco D	△長度稍短	scon	×
Pure XS	×		

S 尺寸
image p11／紙型 p104

改造：
裙子 A 不縫上薄紗直接繼續下個步驟
薄紗 B 疊兩片使用
在腰部中心縫上蝴蝶結

OBITSU11	◎	Odeco & Nikki	×
Brownie	◎	Midi Blythe	×
Picco S	△長度稍短	iMda 1.7	×
Picco D	△長度稍短	scon	×
Pure XS	×		

M 尺寸
image p12、24／紙型 p109

改造：
在腰部中心縫上蝴蝶結

OBITSU11	△長度稍長	Odeco & Nikki	×
Brownie	△長度稍長	Midi Blythe	×
Picco S	◎	iMda 1.7	×
Picco D	○	scon	×
Pure XS	×		

M 尺寸（Picco D）
image p22／紙型 p109

改造：
從 M 尺寸紙型將裙子 B、薄紗 B 的
長度增加 1cm
薄紗 B 疊兩片使用

OBITSU11	×	Odeco & Nikki	×
Brownie	×	Midi Blythe	×
Picco S	○	iMda 1.7	×
Picco D	◎	scon	×
Pure XS	×		

L 尺寸
image p19、26／紙型 p118

改造：
薄紗 B 疊兩片使用

OBITSU11	×	Odeco & Nikki	○
Brownie	×	Midi Blythe	
Picco S	×	△腰圍較鬆	
Picco D	×	iMda 1.7	○
Pure XS	◎	scon	×

ruruko™ ©PetWORKs Co.,Ltd. www.petworks.co.jp/doll

抵肩（育克）上衣的製作方式

抵肩的蕾絲和袖子的荷葉邊都非常有女孩子氣息的上衣。
不管跟裙子還是褲子搭配都能成為很可愛的穿搭。

1　將布料裁切成各裁片，並塗上防綻液。

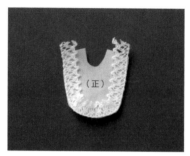

2　在抵肩的曲線上將蕾絲以波浪花邊朝內的形式重疊，以布用接著劑稍微固定。

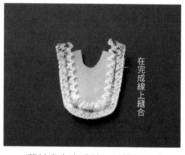

3　蕾絲畫上完成線，以機縫縫合。

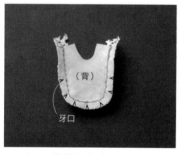

4　在 3 的縫份加上牙口，倒向背面。

5　拉出蕾絲讓蕾絲從正面看得見，用熨斗整燙。

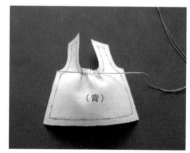

6　用線穿過前身片的縮縫位置，縮緊細褶。

7　拉緊 6 的線，打結固定。

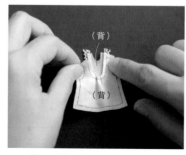

8　將 5 的抵肩和前身片兩者的縫份在尾端對齊重疊，以布用接著劑固定。

9　在抵肩的周圍用機縫固定。

抵肩上衣只要加長也能變成連身裙喔！

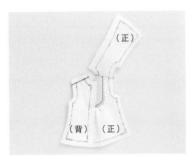

10 將前後身片的肩部分別以正面相對重疊縫合。

11 將縫份倒向後片側，用熨斗燙平。

12 在身片上疊薄紗，於袖孔和領孔的完成線上分別縫合。

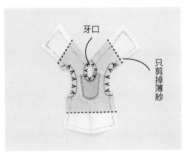

13 剪掉多餘的薄紗，在領孔、袖孔的縫份剪出數個牙口。

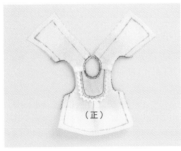

14 用鉗子翻出正面（參照 p64）。用熨斗整燙，在領孔將縫份壓線。

15 將荷葉袖沿摺雙記號對摺，用熨斗燙平。

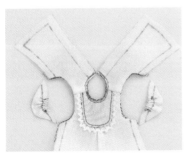

16 用線穿過荷葉袖的縮縫位置，確實拉緊並縮緊細褶。

17 將荷葉袖的中心與肩部的中心重疊，以布用接著劑固定荷葉袖。

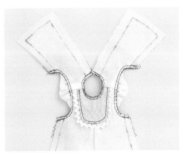

18 在身片的領孔上用縫紉機壓線。

19 將荷葉袖在肩中心對摺，與前後身片以正面相對重疊，側面、下襬用珠針固定。

20 將側面～下襬在完成線上縫合。

21 用熨斗攤開燙平縫份。

22 下襬沿完成線摺起，用熨斗燙平後壓線。

23 將背部開口沿完成線摺起，用熨斗燙平後壓線。

24 在背部的兩處加上線環和珠子。

25 完成。

抵肩上衣一覽

於本書登場的娃娃

Mini Sweets Doll（OBITSU11）／Brownie／Pico EX Cute（Picco Neemo S）／Lil' Fairy（Picco Neemo D）／ruruko、EX☆CUTE 家族（Pure Neemo XS）／Odeco & Nikki／Midi Blythe／iMda 1.7／Ante & Miu（scon）

S 尺寸
image p6、11／紙型 p104

改造：在抵肩縫上珠子和蝴蝶結

OBITSU11	◎	Odeco & Nikki	×
Brownie	◎	Midi Blythe	×
Picco S	△	iMda 1.7	×
Picco D	△	Scon	×
Pure XS	×		

M 尺寸
image p12／紙型 p110

改造：在抵肩縫上珠子

OBITSU11	△	Odeco & Nikki	×
Brownie	△	Midi Blythe	×
Picco S	◎	iMda 1.7	×
Picco D	◎	Scon	×
Pure XS	×		

L 尺寸
image p4／紙型 p119

改造：在抵肩加上刺繡

OBITSU11	×	Odeco & Nikki	◎
Brownie	×	Midi Blythe	◎
Picco S	×	iMda 1.7	◎
Picco D	×	Scon	○
Pure XS	◎		

L 尺寸連身裙（Midi Blythe）
image p21／紙型 p119

改造：
因為長度要當連身裙而變長
但縫製步驟基本上相同
在抵肩的前中心加上蕾絲縫上蝴蝶結

OBITSU11	×	Odeco & Nikki	◎
Brownie	×	Midi Blythe	◎
Picco S	×	iMda 1.7	◎
Picco D	×	Scon	○長度稍長
Pure XS	○迷你裙長度		

L 尺寸連身裙（iMda）
image p18／紙型 p120

改造：請參照 P120 的製作方式

OBITSU11	×	Odeco & Nikki	◎
Brownie	×	Midi Blythe	◎
Picco S	×	iMda 1.7	◎
Picco D	×	Scon	×
Pure XS	◎		

吊帶褲的製作方式

加上細緻裝飾線的逼真吊帶褲。
用直條紋或格子花紋等圖案的布料也很可愛。

1 將布料裁切成各裁片，並塗上防綻液。

2 在胸前口袋裁片上加上裝飾線，頂端沿完成線摺起縫合。

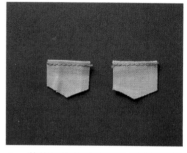

3 將後口袋的頂端沿完成線摺起縫合。

4 依後口袋的紙型將裁片周圍沿完成線摺起，以布用接著劑固定。

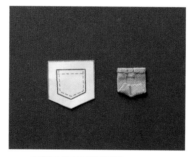

5 用熨斗燙平整理形狀。

6 胸前口袋也一樣將周圍沿完成線摺起，以布用接著劑固定。

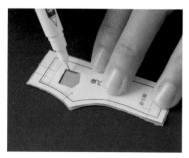

7 利用剪掉後口袋的後褲身紙型畫上口袋的位置。

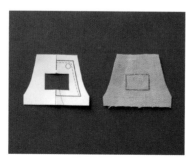

8 胸擋也一樣畫上記號。

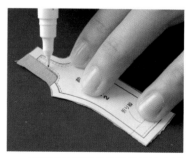

9 利用沿拉鍊縫線剪下的前褲身紙型畫上記號。

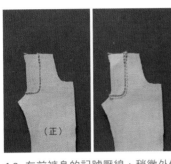

10 在前褲身的記號壓線，稍微外側一點再壓一條線，縫成雙縫線。

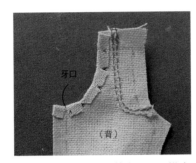

11 在口袋口的縫份剪出牙口，沿完成線摺起，以布用接著劑固定。

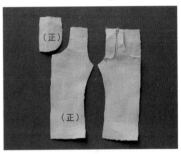

12 將口袋布與口袋口對齊，以布用接著劑固定。

13 在口袋口壓兩條線。

14 將左右的前褲身在中心以正面相對重疊並縫合。

15 縫份剪出牙口，倒向拉鍊縫合線側。

16 以壓線壓住縫份。

17 將口袋與後褲身加口袋的位置重疊，以布用接著劑固定。並將口袋的邊緣縫上去。

18 將前後褲身的側面對齊。

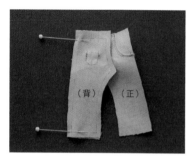

19 將前後褲身的側面以正面相對重疊，把下襬和腰部用珠針固定。

20 兩側都在完成線上縫合。

21 將縫份倒向後褲身側用熨斗燙平。

22 以壓線壓住縫份。

23 將下襬沿完成線摺起，以布用接著劑固定縫份後壓線。

24 兩邊下襬都縫合。

25 下襬沿摺線往正面摺。

26 將 25 的摺痕以布用接著劑固定。

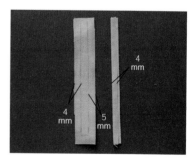

27 肩帶裁片因為縫份寬度不同，故各自在完成線上依 5mm、4mm 的順序摺起，以布用接著劑固定。

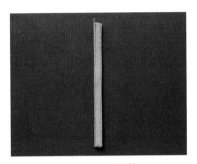

28 肩帶兩條都摺好後壓線。

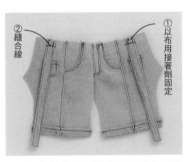

29 在後褲身的加肩帶位置以布用接著劑固定肩帶後縫上去。

30 將腰部沿完成線摺，縫份以布用接著劑固定，並將肩帶翻向上方。

31 將肩帶前端穿過三角環，帶子前端摺起，以布用接著劑固定後縫合。

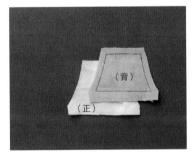

32 將胸擋與裡布以正面相對重疊。

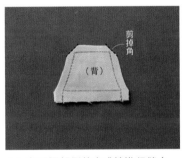

33 留下腰部側的完成線進行縫合，將縫份的角剪掉。

34 翻出正面用熨斗燙平，邊緣用縫紉機壓線。

35 在胸擋的加口袋位置將口袋以布用接著劑固定，用縫紉機縫上去。

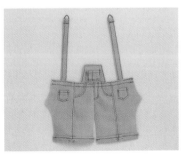

36 將褲身的腰部與胸擋的中心重疊，以布用接著劑固定後縫合。

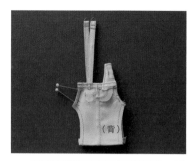

37 將背部開口以正面相對對齊,用珠針固定。

縫合

38 縫到背部的開口止點。

39 將背部開口的縫份攤開,以布用接著劑固定。

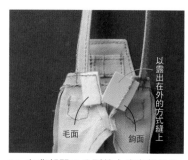

毛面　鉤面

以露出在外的方式縫上

40 在背部開口分別縫上魔鬼氈的鉤面與毛面。

41 在褲子的兩邊下襬和中心用珠針固定。

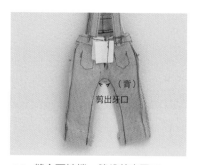

(背)
剪出牙口

42 縫合下褲襠,縫份剪出牙口。

43 在胸擋縫上珠子,肩帶在背部交叉,讓三角環鉤在珠子上。

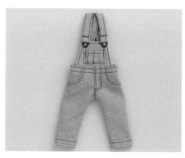

44 完成。

吊帶褲一覽

於本書登場的娃娃

Mini Sweets Doll（OBITSU11）／Brownie／Pico EX Cute（Picco Neemo S）／Lil' Fairy（Picco Neemo D）／ruruko、EX☆CUTE 家族（Pure Neemo XS）／Odeco & Nikki／Midi Blythe／iMda 1.7／Ante & Miu（scon）

S 尺寸

image p7、8／紙型 p105

改造：口袋布加上
燙黏配件

OBITSU11	◎	Odeco & Nikki	×
Brownie	◎	Midi Blythe	×
Picco S	○	iMda 1.7	×
Picco D	×	Scon	×
Pure XS	×		

M 尺寸

image p8、24／紙型 p111

改造：口袋布加上
燙黏配件

OBITSU11	×	Odeco & Nikki	×
Brownie	×	Midi Blythe	×
Picco S	◎	iMda 1.7	×
Picco D	×	Scon	×
Pure XS	×		

M 尺寸（Picco D）

image p8／紙型 p111

改造：
肩帶換成絨面革帶以圓環連接
前口袋、胸擋加上燙黏配件

OBITSU11	×	Odeco & Nikki	×
Brownie	×	Midi Blythe	×
Picco S	◎	iMda 1.7	×
Picco D	◎	Scon	×
Pure XS	×		

L 尺寸

image p4、25／紙型 p121

改造：胸擋的珠子換成釦子
口袋布加上燙黏配件
在基本步驟 36 後，清洗布料
用銼刀磨加工成掉色

OBITSU11	×	Odeco & Nikki	×
Brownie	×	Midi Blythe	×
Picco S	×	iMda 1.7	×
Picco D	×	Scon	×
Pure XS	◎		

L 尺寸

image p18／紙型 p122

改造：釦子、燙黏配件
胸擋的珠子變更為釦子
口袋布加上燙黏配件

OBITSU11	×	Odeco & Nikki	○
Brownie	×	Midi Blythe	○
Picco S	×	肩帶稍長	
Picco D	×	iMda 1.7	◎
Pure XS	○	Scon	×

L 尺寸（scon）

image p10／紙型 p123

改造：肩帶、燙黏配件
肩帶改用人工皮革帶。用帶釦連接
前口袋、胸擋加上燙黏配件

OBITSU11	×	Odeco & Nikki	×	
Brownie	×	Midi Blythe	△	肩帶加長
Picco S	×	iMda 1.7	△	
Picco D	×	Scon	◎	
Pure XS	×			

棒球外套的製作方式

不論是女孩子還是男孩子穿起來都很適合的棒球外套。
將袖子用人工皮革拼接，做出即使小件看起來也很正式的構造。

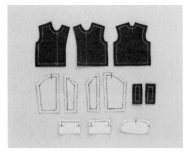

1 將布料裁切成各裁片，並塗上防綻液。

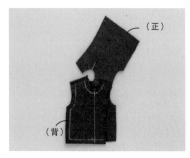

2 前後身片的肩部各自以正面相對重疊後縫合，攤開縫份。

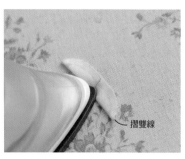

3 領子沿摺雙線對摺，以布用接著劑固定。

4 領子的完成線和身片加領子的位置對齊，先縫數針固定。

5 另一側的領子一樣縫上。領子比領孔小一些，所以要拉著縫。

6 在身片加領子位置的縫份剪出深度快碰到完成線的牙口。

7 領子和領孔的中心對齊，用珠針固定後疏縫。

8 將身片的貼邊摺向外側，從牙口拉出領子的邊緣，把貼邊的縫份疏縫。

9 另一側也一樣疏縫，並從貼邊的邊緣〜另一側邊緣縫上領子。

有很多細小的裁片，所以要小心確認別弄丟了喔。

10 在曲線的縫份上剪出數個牙口。

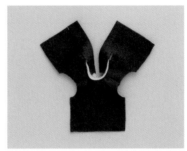

11 將縫份倒向身片側，把領子翻回正面。

12 貼邊的縫份和領子的縫份以布用接著劑固定。

13 將外袖和內袖以正面相對重疊，用珠針固定。

14 外袖和內袖在完成線上縫合。

15 縫份倒向外袖側後壓線。

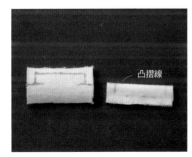

16 將袖口羅紋布對摺，以布用接著劑固定。

17 袖口羅紋布與袖子對齊，用珠針固定。袖口羅紋布要拉著固定。

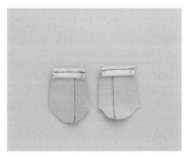

18 將袖子和袖口羅紋布在完成線上縫合。

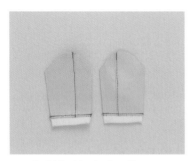

19 縫份倒向袖子側後壓線。

20 對齊肩部與袖子的中心，將袖子疏縫到身片上。

21 袖子縫合到身片上，縫份倒向袖子側，用熨斗燙平。

22 將袖子沿肩中心對摺，與前後身片一起以正面相對重疊，在袖口、腋下、下襬以珠針固定。

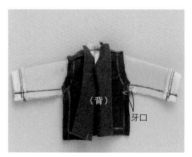

23 將袖子～下襬在完成線上縫合，袖底和腋下兩處剪出牙口。

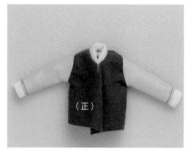

24 用鉗子夾住袖口，翻出正面。袖子很細，所以要小心別傷到布料。側面的縫份用熨斗燙平。

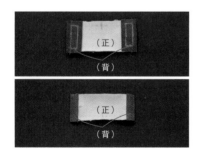

25 下襬羅紋布與下襬拼接布以正面相對重疊，在兩端的完成線上縫合。縫份倒向下襬拼接布側後壓線。

26 將下襬羅紋布以正面相對對摺，用珠針固定。

27 在下襬拼接布兩端的完成線上縫合。翻出正面用熨斗燙平，袋狀的羅紋布裡面的縫份以布用接著劑固定。

能做出棒球外套已經算是高手了！

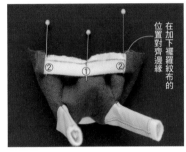

28 將下襬羅紋布的凸摺線朝向內側，與身片以正面相對重疊，依序別上珠針。下襬羅紋布較短，故身片會變成弓起的狀態。

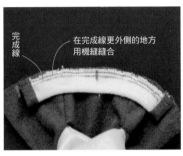

29 下襬羅紋布和身片對齊，在完成線稍微外側的位置縫合。拉開下襬羅紋布以身片的長度縫上。

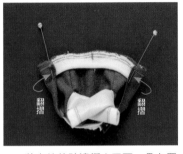

30 將身片的貼邊摺向正面，疊在羅紋布上以珠針固定。

31 在貼邊的完成線上從邊緣縫到另一邊緣。

32 將羅紋布翻到正面，縫份倒向身片側用熨斗燙平。

33 依下襬→門襟→領孔→門襟壓一圈線。

34 在門襟均衡地加上燙黏配件。

35 用熨斗將整體燙平。

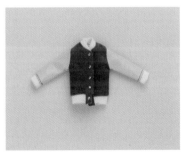

36 完成。

棒球外套一覽

於本書登場的娃娃

Mini Sweets Doll（OBITSU11）／Brownie／Pico EX Cute（Picco Neemo S）／Lil' Fairy（Picco Neemo D）／ruruko、EX☆CUTE 家族（Pure Neemo XS）／Odeco & Nikki／Midi Blythe／iMda 1.7／Ante & Miu（scon）

S 尺寸
image p20／紙型 p105

改造：無

OBITSU11	◎	Odeco & Nikki	×
Brownie	◎	Midi Blythe	×
Picco S	×	iMda 1.7	×
Picco D	×	scon	×
Pure XS	×		

M 尺寸
image p24／紙型 p112

改造：無

OBITSU11	×	Odeco & Nikki	×
Brownie	×	Midi Blythe	×
Picco S	◎	iMda 1.7	×
Picco D	×	scon	×
Pure XS	×		

M 尺寸（Picco D）
image p22／紙型 p112

改造：
將門襟的燙黏配件改成較大的尺寸
數量也變更為 4 個

OBITSU11	×	Odeco & Nikki	×
Brownie	×	Midi Blythe	×
Picco S	○	iMda 1.7	×
Picco D	◎	scon	×
Pure XS	×		

L 尺寸
image p25／紙型 p124

改造：交疊處
改成給男孩子穿，門襟修改成另一邊在上

OBITSU11	×	Odeco & Nikki	△	衣長稍長	袖長稍長
Brownie	×	Midi Blythe	△		
Picco S	×	iMda 1.7	△		
Picco D	×	scon	×		
Pure XS	◎				

L 尺寸
image p19／紙型 p124

改造：將領子變更為風帽。紙型使用連帽衫的風帽。和基本步驟的領子以相同要領縫上

OBITSU11	×	Odeco & Nikki	△	衣長稍長	袖長稍長
Brownie	×	Midi Blythe	△		
Picco S	×	iMda 1.7	△		
Picco D	×	scon	×		
Pure XS	◎				

連帽衫一覽

於本書登場的娃娃

Mini Sweets Doll（OBITSU11）／Brownie／Pico EX Cute（Picco Neemo S）／Lil' Fairy（Picco Neemo D）／ruruko、EX☆CUTE 家族（Pure Neemo XS）／Odeco & Nikki／Midi Blythe／iMda 1.7／Ante & Miu（scon）

S 尺寸
image p11／紙型 p106

改造：無

OBITSU11	◎	Odeco & Nikki	×
Brownie	◎	Midi Blythe	×
Picco S	△	iMda 1.7	×
Picco D	△	scon	×
Pure XS	×		

S 尺寸
image p7／紙型 p106

改造：無

OBITSU11	◎	Odeco & Nikki	×
Brownie	◎	Midi Blythe	×
Picco S	△	iMda 1.7	×
Picco D	△	scon	×
Pure XS	×		

M 尺寸
image p24／紙型 p113

改造：頭巾的領口處打上金屬扣眼

OBITSU11	×	Odeco & Nikki	×
Brownie	×	Midi Blythe	×
Picco S	◎	iMda 1.7	×
Picco D	×	scon	×
Pure XS	×		

M 尺寸（Picco D）
image p22／紙型 p113

改造：無

OBITSU11	×	Odeco & Nikki	×
Brownie	×	Midi Blythe	×
Picco S	○	iMda 1.7	×
Picco D	◎	scon	×
Pure XS	×		

L 尺寸
image p25／紙型 p125

改造：無

OBITSU11	×	Odeco & Nikki	×
Brownie	×	Midi Blythe	×
Picco S	×	iMda 1.7	△袖長稍長
Picco D	×	scon	×
Pure XS	◎		

L 尺寸（Odeco & Nikki）
image p15／紙型 p126

改造：前身片加上熨斗轉印

OBITSU11	×	Odeco & Nikki	◎
Brownie	×	Midi Blythe	◎
Picco S	×	iMda 1.7	◎
Picco D	×	scon	△袖長、衣長稍長
Pure XS	○		

連帽衫的製作方式

休閒風格的套頭式連帽衫。
以好穿為重點，是背部直到風帽的中間都有開口的構造。

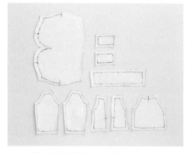

1　將布料裁切成各裁片。

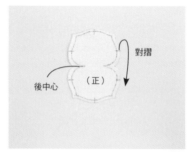

2　風帽沿後中心對摺。

3　從後中心縫合到開口止點。

4　將風帽從領子側攤開（右），讓
　　後中心重疊後摺疊起來（左）。

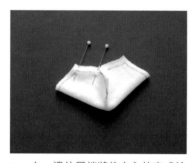

5　在一邊的尾端將後中心的完成線
　　重疊，用珠針固定。

6　從尾端向後中心縫合，另一邊用
　　珠針固定。

7　在另一邊的完成線上從後中心向
　　尾端縫合。

8　攤開開口止點上的縫份，從領子
　　側翻出正面並用熨斗整燙。

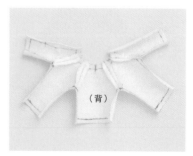

9　前後身片和袖子各自以正面相對
　　重疊並縫合，攤開縫份。

縫製小件的洋裝
眼睛容易疲勞，
邊做邊休息吧！

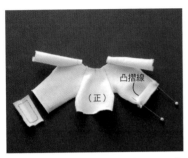

凸摺線

（正）

10 袖口羅紋布對摺用熨斗燙平，凸摺線向內側與袖口重疊用珠針固定。

11 袖口羅紋布和袖子在完成線上縫合。

袖子縫份

（背）

袖口羅紋布縫份

12 袖口羅紋布的縫份僅將上面那片倒向羅紋布側，用熨斗燙平。

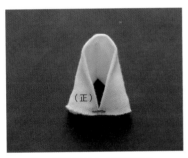

（正）

13 將 8 的風帽前中心對齊縫合。

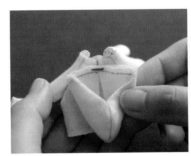

14 身片和風帽的前中心重疊。

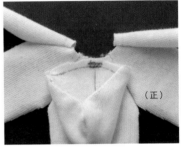

（正）

15 於前中心附近在身片和風帽的完成線上縫上數針。

16 將後身片加風帽的位置與風帽的後中心對齊，進行疏縫。

17 在身片和風帽的完成線上用縫紉機縫合。

（背）

18 風帽的縫份倒向身片側，以布用接著劑固定。

89

19 背部開口的縫份從領子到開口止點的記號沿完成線摺起，以布用接著劑固定。

20 將領子到開口止點的縫份壓線固定。另一邊的背部開口也進行同樣步驟。

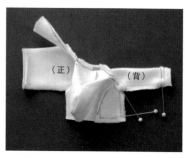

21 將袖子沿肩中心對摺，與前後身片以正面相對重疊，在袖口、腋下、下襬用珠針固定。

22 在完成線上縫合袖子～下襬。袖底和腋下剪出兩處牙口。

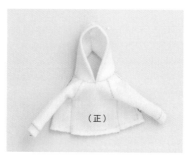

23 用鉗子夾住袖口，翻出正面。側面的縫份用熨斗攤開燙平。

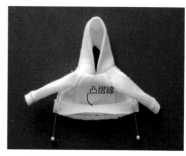

24 將下襬羅紋布對摺用熨斗燙平，凸摺線向內側與身片重疊用珠針固定。

25 在完成線上縫合下襬羅紋布和身片。拉開下襬羅紋布以身片的長度縫合。

26 下襬羅紋布的縫份以和袖口羅紋布相同的方式用熨斗攤開燙平。

27 從正面用熨斗整燙。

28 後中心的下襬以正面相對重疊，用珠針固定。

29 縫合下襬～開口止點。

30 用熨斗攤開縫份，翻出正面。

31 在背部的頂端加上線環和珠子。

32 完成。

過膝襪的製作方式

長度過膝的襪子。
襪子根據使用的布料，尺寸可能會有大幅改變，故有時需要調整尺寸。

1 將布料裁切成各裁片。

2 襪口沿完成線摺起，以布用接著
劑固定。
※要加蕾絲的情況不用摺縫份，
直接把蕾絲縫到上面。

3 將襪口用機縫縫合。

4 後中心以正面相對對摺，在完成
線上縫合。

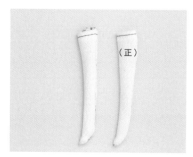

5 用鉗子翻出正面，完成。

三折襪的製作方式

清純感很可愛的三折襪。
布料會在襪口重疊，所以使用又薄又有伸展性的布料吧！

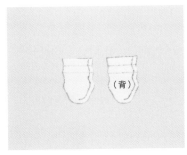

1 將布料裁切成各裁片。

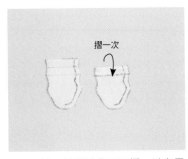

2 沿襪口的摺線往正面摺，以布用接著劑固定。

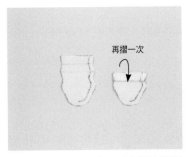

3 再沿摺線摺一次，以布用接著劑固定。

4 後中心以正面相對對摺，在完成線上縫合。

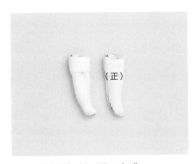

5 用鉗子翻出正面，完成。

襪子一覽

於本書登場的娃娃

Mini Sweets Doll（OBITSU11）／Brownie／Pico EX Cute（Picco Neemo S）／Lil' Fairy（Picco Neemo D）／ruruko、EX☆CUTE 家族
（Pure Neemo XS）／Odeco & Nikki／Midi Blythe／iMda 1.7／Ante & Miu（scon）

S 尺寸	S 尺寸	M 尺寸	M 尺寸（Picco D）
image p7／紙型 p106	image p6、11／紙型 p106	image p12、14、24／紙型 p113	image p22／紙型 p113
改造：無	改造：襪口沿完成線摺起並縫上蕾絲	改造：無	改造：襪口沿完成線摺起並縫上蕾絲
OBITSU11、Brownie、Midi Blythe	OBITSU11、Brownie	Picco S	Picco D、ruruko、iMda

M 尺寸	M 尺寸（Picco D）	L 尺寸	L 尺寸（Odeco & Nikki）
image p14／紙型 p113	image p22／紙型 p113	image p13／紙型 p127	image p15／紙型 p127
		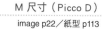	
改造：不摺襪口直接縫上蕾絲	改造：無	改造：側面縫上蝴蝶結	改造：襪口沿完成線摺起並縫上蕾絲
Picco S	Picco D、ruruko、iMda	ruruko、iMda、Midi Blythe	Odeco & Nikki

L 尺寸（Midi Blythe）	L 尺寸	L 尺寸
image p21／紙型 p127	image p25／紙型 p127	image p17／紙型 p127

改造：不摺襪口 裁切後直接縫合後中心	改造：無	改造：不摺襪口直接縫上蕾絲
ruruko、iMda、Midi Blythe、Odeco & Nikki	ruruko、iMda	ruruko、iMda、Odeco & Nikki

© 2015 AZONE INTERNATIONAL

小小洋裝的製作重點

①用縫紉機縫小裁片的時候要在下面鋪紙！

鋪上紙一起縫的話，原本很難用手壓著的小裁片，能按住的面積也會隨紙張大小增加，會比較好縫喔。小裁片掉到縫紉機的洞裡沒辦法縫！這種事情也不會再發生。使用的紙張選擇普通的影印紙之類就沒問題。紙張有容易撕開的方向，沿著那方向用縫紉機縫，在要拿掉紙張時會較容易撕開很方便喔。

②布料推薦盡量選薄棉布或細平棉布等較薄的布。

即使夠薄，質地較粗的布料或雪紡紗、喬治紗等柔軟的布料會造成難度提高。連帽衫使用的針織布料選擇不會太薄的平面針織布吧。雙面針織布和刷毛針織布等會有厚度，所以不適合做小尺寸的衣服。襪子如果讓腳比較小的娃娃穿會很難穿上，所以選擇有伸展性的布料吧。推薦薄的 2way 針織布或尼龍針織布料。腳比較大的娃娃用普通的平面針織布也沒問題喔！

④善用布用接著劑吧！

將細緞帶以帶狀縫在細小裁片上時，先用接著劑固定緞帶後再縫會比較好縫喔。其他還有貼上蕾絲裝飾或暫時固定等各種用途，相當方便！可是要注意別塗太多。取適量塗成薄薄一層，小心不要塗太多超出範圍。由於在薄布上會形成汙漬，所以要注意喔！在簡便服裝單元布用接著劑會大顯身手！

③為了讓小件衣服看起來夠逼真，裝飾的縫線和小配件非常重要！

小塊的牛仔布要加縫合線雖然有點困難，試著慢慢往前推壓出線來吧。成品看起來會更逼真喔！棒球外套所使用的小型邊黏配件，除了手工藝店或娃娃材料行外，還可從指甲彩繪的店購買，去逛看看吧！

⑤車縫線也換成適合縫小尺寸的吧。

推薦車縫線選粗細 90 番的線，車針也用細的 9 號。把針距也調密（1.5~2mm），成品會呈現出纖細感喔！

⑥背部開口用自己喜歡的方式。

在上衣的基本步驟介紹的是用珠子&線環固定的方式喔。其他還有縫上魔鬼氈的方式。

在換衣服時會將娃娃頭部拆掉的人，不需要加背後開口直接縫合也沒問題喔！褲子的背部開口推薦用魔鬼氈，能夠形成清爽的輪廓。L 尺寸用旗袍鉤的公母鉤固定也很不錯。

魔鬼氈（鉤面）露出在外

魔鬼氈（毛面）

⑦小件衣服的縫份也很小！

本書有 3mm 的縫份登場。比起娃衣的基本 5mm 還更窄一些，但要好好按照寬度縫合喔。小件衣服只要稍微產生誤差，完成時的印象就會改變。在習慣之前正確地畫上完成線後再開始縫吧！

紙型

接下來要介紹紙型。

※上衣和連身裙背部的扣具請依喜好加上薄的魔鬼氈或直徑 3mm 的仿珍珠&線環（參照 p96）。
※布料的長度全部標示為寬×長。

部分基本步驟的應用作品有刊載製作步驟。

本書將紙型的大小分為 S、M、L 三種。

S 尺寸的模特兒娃娃是
Mini Sweets Doll
（OBITSU11 素體）

M 尺寸的模特兒娃娃是
1/12 Pico EX Cute
（Picco Neemo S 素體）

L 尺寸的模特兒娃娃是
ruruko（Picco Neemo XS 素體）

以這些模特兒娃娃的尺寸為主軸，將尺寸進一步套用到其他娃娃身上。

※禁止將此紙型在未經許可下轉載、引用、商業利用、公開傳輸。

P.11, 40, 44 S 尺寸的簡便服裝

簡便 T 恤

● 材料 ●
平面針織布 ························· 9cm×10cm

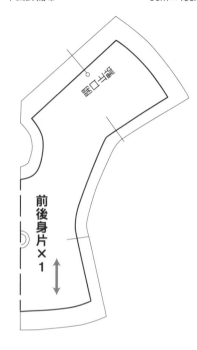

簡便連身裙

● 材料 ●
薄棉布等較薄的棉布 ······························· 14cm×17cm
裝飾用 7mm 寬的蕾絲 ···························· 適量
裝飾用 1.5mm 寬的緞帶 ·························· 適量

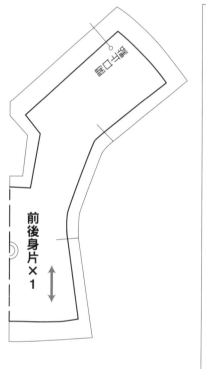

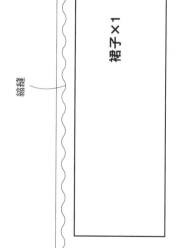

簡便褲子

● 材料 ●
薄的燈蕊絨布 ··················· 5cm×16cm
薄的魔鬼氈 ···················· 0.8cm×1.2cm

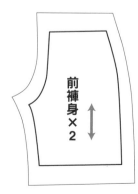

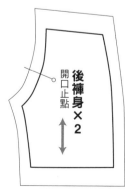

P. 40,44 **M 尺寸的簡便服裝**

簡便T恤

● 材料 ●
平面針織布 ⋯⋯⋯⋯⋯⋯ 10cm×11cm

簡便連身裙

● 材料 ●
薄棉布等較薄的棉布⋯⋯⋯ 14cm×17cm
裝飾用 5mm 寬的蕾絲 ⋯⋯⋯⋯⋯⋯ 適量

簡便褲子

● 材料 ●
細平棉布等有彈性的棉布 ⋯⋯⋯⋯⋯⋯⋯⋯⋯ 6cm×16cm
薄的魔鬼氈 ⋯⋯⋯⋯⋯⋯⋯⋯⋯⋯ 0.8cm×1.2cm

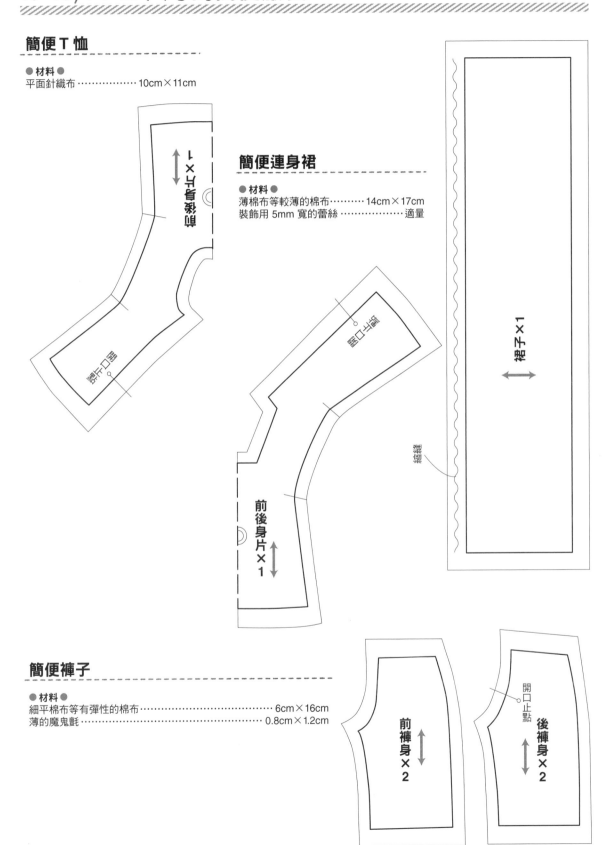

前後身片×1

開口止點

前褲身×2

後褲身×2

縮縫

裙子×1

P.25, 40,44 L 尺寸的簡便服裝

簡便 T 恤

● 材料 ●
平面針織布 ······················· 14cm×15cm
裝飾用 3mm 寬的緞帶 ·············· 適量

布紋方向

前後身片×1

簡便連身裙

● 材料 ●
薄棉布等較薄的棉布························· 20cm×25cm
裝飾用 7mm 寬的蕾絲 ······························ 適量

布紋方向

前後身片×1

縮縫

裙子×1

簡便褲子

● **材料** ●

細平棉布等有彈性的棉布 ······························· 10cm×22cm
薄的魔鬼氈 ······························· 0.8cm×1.2cm

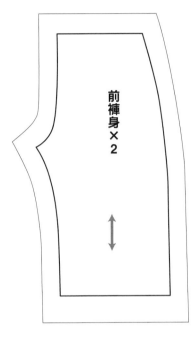

前褲身×2

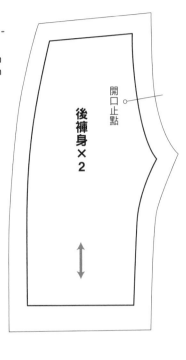

後褲身×2

開口止點

P.7　S 尺寸的水手連身裙

●材料●
薄棉布等較薄的棉布······················· 10cm×25cm
胸擋、領子、袖口用布料··················· 6cm×18cm
裝飾領子等處的 1.5mm 寬的緞帶·················· 適量
裝飾胸口的 3mm 寬的緞帶······················ 適量
裝飾用直徑 2mm 仿珍珠······················· 3 顆

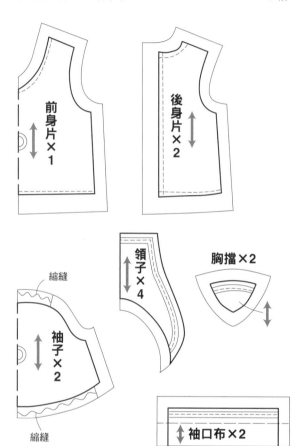

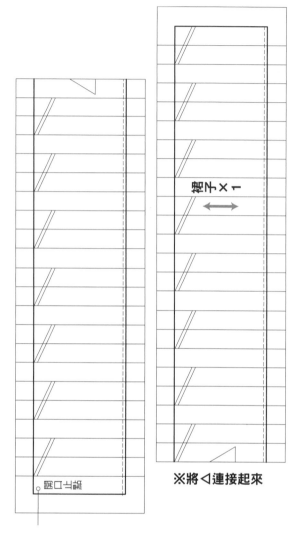

※將◁連接起來

P.6　S 尺寸的南瓜褲

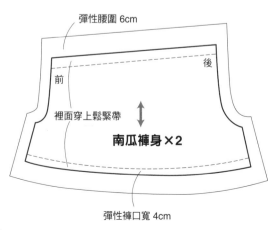

彈性腰圍 6cm

後

前

裡面穿上鬆緊帶

南瓜褲身×2

彈性褲口寬 4cm

●材料●
薄棉布等較薄的棉布·························· 5cm×15cm
8mm 寬的蕾絲······························ 15cm
抽褶用鬆緊帶····························· 適量
裝飾用 1.5mm 寬的緞帶······················ 適量

P.6　S 尺寸的背帶裙（M 尺寸通用）

☆參照 P117 背帶裙（Odeco & Nikki 專用）的製作方式

● 材料 ●
薄棉布等較薄的棉布 ···························· 3cm×8cm
裡布用薄紗 ································· 3cm×8cm
身片用圓點薄紗 ······························ 4cm×14cm
下襬裝飾用 5mm 寬的蕾絲 ················· 14cm
肩帶、裝飾用 1.5mm 寬的緞帶 ············· 適量

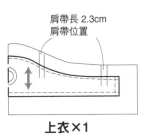

肩帶長 2.3cm
肩帶位置

上衣×1

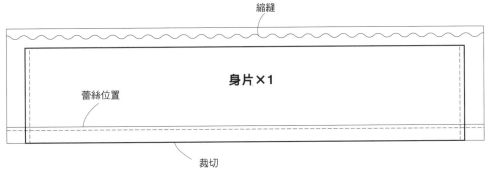

縮縫

身片×1

蕾絲位置

裁切

P.20　S 尺寸的無袖上衣

● 材料 ●
平面針織布 ······················ 9cm×11cm
貼邊用薄紗布料 ·················· 6cm×8cm

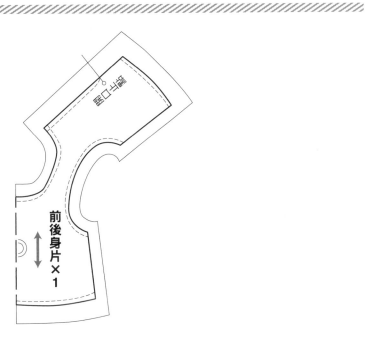

前後身片×1

P.11,20　S 尺寸的紗裙

● 材料 ●
薄棉布等較薄的棉布…………7cm×16cm
薄紗………………………………3cm×32cm
下襬裝飾用 6mm 寬的蕾絲………16cm
裝飾用 1.5mm 寬的緞帶……………適量
約 3mm 寬的鬆緊帶…………………適量

彈性腰圍 6cm

裙子 A×1

※S 尺寸沒有薄紗 A

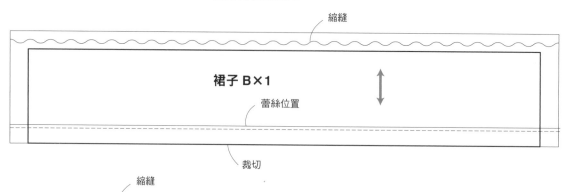

縮縫

裙子 B×1

蕾絲位置

裁切

縮縫

薄紗 B×1

裁切

P.6,11　S 尺寸的抵肩上衣

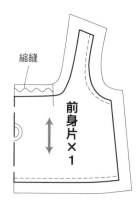

縮縫

前身片×1

後身片×2

抵肩×1

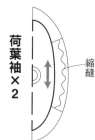

荷葉袖×2

縮縫

● 材料 ●
薄棉布等較薄的棉布……………………………9cm×14cm
抵肩用布料…………………………………………4cm×4cm
貼邊用薄紗…………………………………………8cm×8cm
抵肩用 8mm 寬的蕾絲……………………………6cm
裝飾用超小珠子……………………………………3 顆
裝飾用 1.5mm 寬的緞帶…………………………適量

P.7,8　S 尺寸的吊帶褲

● 材料 ●
細條紋平織布（cordlane）………… 9cm×22cm
胸擋裡布布料 ……………………… 4cm×4cm
薄的魔鬼氈 ………………………… 1.5cm×1.2cm
肩帶用 5mm 寬的三角環 …………… 2 個
直徑 3mm 仿珍珠 …………………… 2 顆
裝飾用燙黏配件 …………………… 4 個

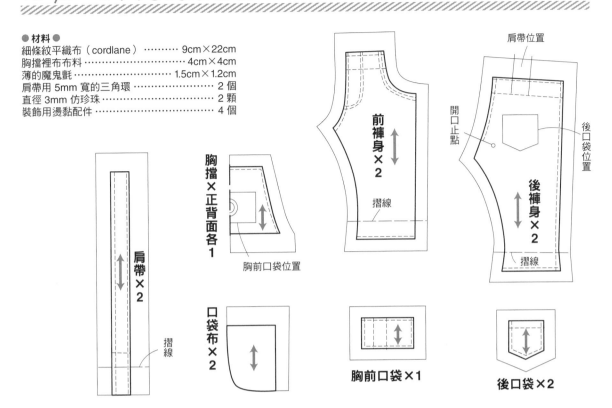

肩帶×2
摺線

胸擋×正背面各 1
胸前口袋位置

口袋布×2

前褲身×2
摺線

肩帶位置
開口止點
後口袋位置
後褲身×2
摺線

胸前口袋×1

後口袋×2

P.20　S 尺寸的棒球外套

● 材料 ●
身片用尼龍布 ………………………… 5cm×15cm
袖子用人工皮革 ……………………… 5cm×11cm
羅紋用針織布（平面或薄的雙面）……… 7cm×8cm
裝飾用燙黏配件 ……………………… 4 個

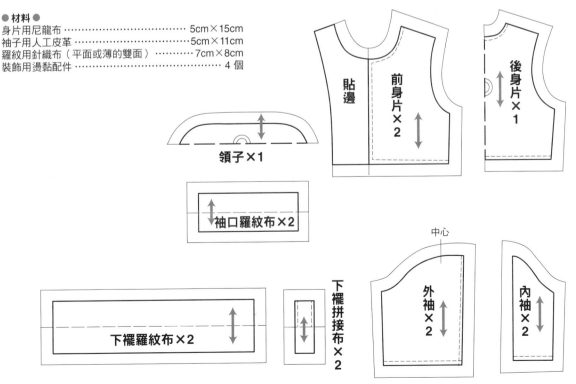

領子×1

袖口羅紋布×2

貼邊
前身片×2

後身片×1

下襬羅紋布×2

下襬拼接布×2

中心
外袖×2

內袖×2

105

P.7,11 S 尺寸的連帽衫

● 材料 ●
平面針織布 ····················· 15cm×20cm

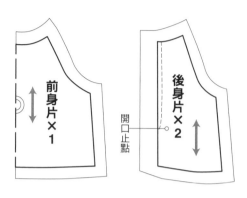

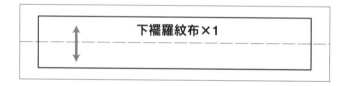

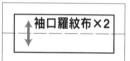

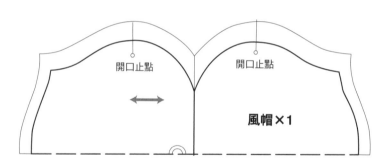

P.6,7,11 S 尺寸的襪子（OBITSU11 專用）

過膝襪

● 材料 ●
平面針織布 ····················· 6cm×8cm

蕾絲襪

● 材料 ●
薄的 2way 或尼龍針織布 ····················· 4cm×8cm
1cm 寬的彈性蕾絲 ····················· 8cm

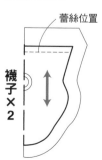

P.12,22　M 尺寸的水手連身裙

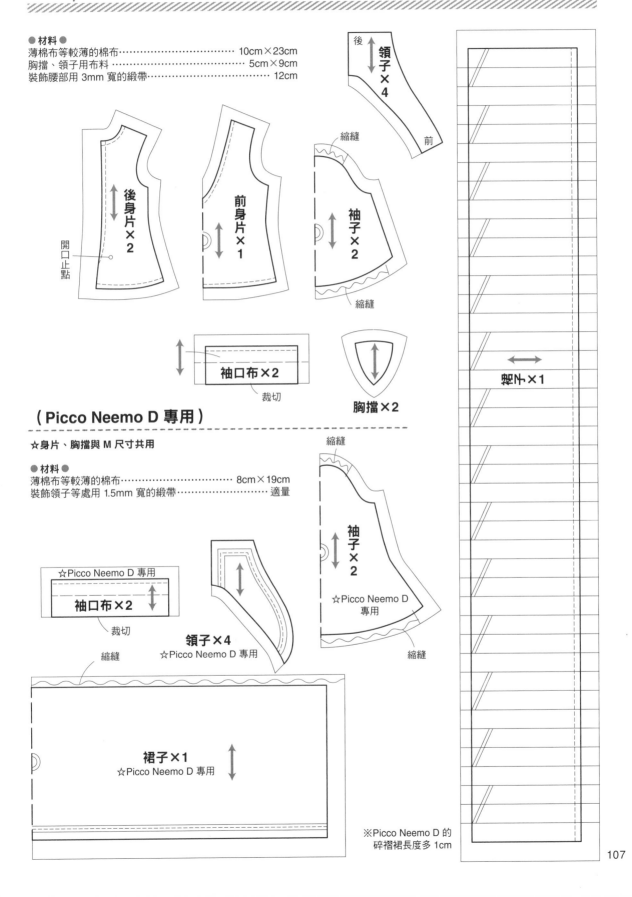

● 材料 ●
薄棉布等較薄的棉布····················· 10cm×23cm
胸擋、領子用布料···················· 5cm×9cm
裝飾腰部用 3mm 寬的緞帶·················· 12cm

後　領子×4　前

後身片×2

開口止點

前身片×1

袖子×2

縮縫

縮縫

袖口布×2

裁切

胸擋×2

裙子×1

（Picco Neemo D 專用）

☆身片、胸擋與 M 尺寸共用

● 材料 ●
薄棉布等較薄的棉布····················· 8cm×19cm
裝飾領子等處用 1.5mm 寬的緞帶················ 適量

☆Picco Neemo D 專用
袖口布×2
裁切

領子×4
☆Picco Neemo D 專用

縮縫

袖子×2
☆Picco Neemo D
專用

縮縫

縮縫

裙子×1
☆Picco Neemo D 專用

※Picco Neemo D 的
碎褶裙長度多 1cm

P.14　**M 尺寸的南瓜褲・襯褲**

●材料●
薄棉布等較薄的棉布‥‥‥‥‥‥‥‥‥‥5cm×14cm
8mm 寬的蕾絲‥‥‥‥‥‥‥‥‥‥‥‥‥14cm
抽褶用鬆緊帶‥‥‥‥‥‥‥‥‥‥‥‥‥適量
裝飾用 1.5mm 寬的緞帶‥‥‥‥‥‥‥‥適量

襯褲（S 尺寸通用）

☆紙型與 M 尺寸通用，下襬不穿鬆緊帶

●材料●
薄棉布等較薄的棉布‥‥‥‥‥‥‥‥‥‥5cm×14cm
5mm 寬的蕾絲‥‥‥‥‥‥‥‥‥‥‥‥‥14cm
抽褶用鬆緊帶‥‥‥‥‥‥‥‥‥‥‥‥‥適量
裝飾用 1.5mm 寬的緞帶‥‥‥‥‥‥‥‥適量

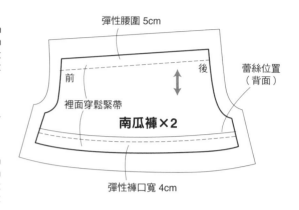

彈性腰圍 5cm
前　　後
裡面穿鬆緊帶
蕾絲位置（背面）
南瓜褲×2
彈性褲口寬 4cm

P.8,14　**M 尺寸的胸罩**

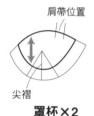

肩帶位置
尖褶
罩杯×2

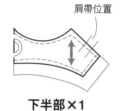

肩帶位置
下半部×1

胸罩肩帶×1（對半剪開）
剪開　裁切

●材料●
薄棉布等較薄的棉布‥‥‥‥‥‥‥‥‥‥‥‥7cm×7cm
裡布用薄紗‥‥‥‥‥‥‥‥‥‥‥‥‥‥‥‥7cm×7cm
背部開口用直徑 3mm 仿珍珠‥‥‥‥‥‥‥‥1 顆
裝飾用 1.5mm 寬的緞帶‥‥‥‥‥‥‥‥‥‥適量

P.8,22,24　**M 尺寸的無袖上衣**

●材料●
平面針織布‥‥‥‥‥‥‥‥‥‥‥9cm×10cm
貼邊用薄紗‥‥‥‥‥‥‥‥‥‥‥6cm×8cm

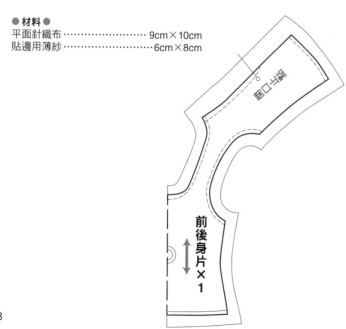

開口止點

前後身片×1

P12,22,24　M 尺寸的紗裙

● 材料 ●
薄棉布等較薄的棉布……………………………7cm×14cm
薄紗……………………………………………4cm×30cm
裝飾下襬用 5mm 寬的蕾絲………………………14cm
裝飾用 1.5mm 寬的緞帶……………………………適量
約 3mm 寬的鬆緊帶 …………………………………適量

（Picco Neemo D 專用）

☆裙子 A 與 M 尺寸通用，裙子 B 薄紗加長 1cm

● 材料 ●
薄棉布等較薄的棉布……………………………8cm×14cm
薄紗……………………………………………5cm×30cm
裝飾下襬用 5mm 寬的蕾絲………………………14cm
裝飾用 1.5mm 寬的緞帶……………………………適量
約 3mm 寬的鬆緊帶 …………………………………適量

彈性腰圍 5cm

裙子 A×1

※薄紗 A 裁切成比裙子稍微大一點

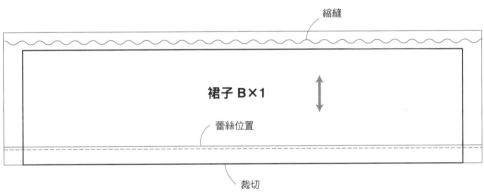

縮縫

裙子 B×1

蕾絲位置

裁切

薄紗 B×1

裁切

● 材料 ●

薄棉布等較薄的棉布⋯⋯⋯⋯⋯⋯⋯⋯⋯⋯⋯ 6cm×15cm
抵肩用布料 ⋯⋯⋯⋯⋯⋯⋯⋯⋯⋯⋯⋯⋯⋯⋯ 3cm×3cm
貼邊用薄紗 ⋯⋯⋯⋯⋯⋯⋯⋯⋯⋯⋯⋯⋯⋯⋯ 7cm×6cm
抵肩用蕾絲 ⋯⋯⋯⋯⋯⋯⋯⋯⋯⋯⋯⋯⋯⋯⋯ 6cm
裝飾用超小珠子 ⋯⋯⋯⋯⋯⋯⋯⋯⋯⋯⋯⋯⋯ 3 顆

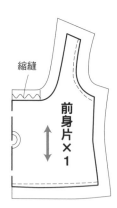

縮縫

前身片×1

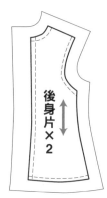

後身片×2

抵肩×1

縮縫

荷葉袖×2

P.8,22,24　M 尺寸的吊帶褲

● 材料 ●

6 盎司牛仔布 ························· 12cm×18cm
胸擋裡布布料 ························ 4cm×5cm
薄的魔鬼氈 ·························· 1.5cm×1.2cm
肩帶用 5mm 寬的三角環 ············· 2 個
直徑 3mm 仿珍珠 ···················· 2 顆
裝飾用燙黏配件 ···················· 4 個

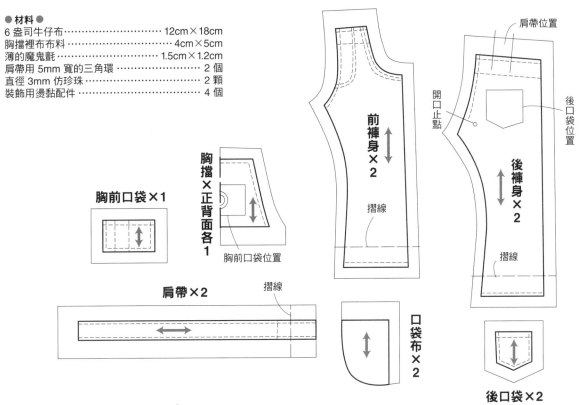

胸前口袋×1

胸擋×正背面各 1
胸前口袋位置

肩帶×2　摺線

口袋布×2

前褲身×2　摺線

後褲身×2　摺線

肩帶位置

開口止點

後口袋位置

後口袋×2

（Picco Neemo D 專用）

☆胸擋、胸前口袋、後口袋、口袋布與 M 尺寸通用

● 材料 ●

薄的粗藍布 ························· 12cm×18cm
胸擋裡布布料 ························ 4cm×5cm
薄的魔鬼氈 ·························· 1.5cm×1.2cm
肩帶用 3mm 寬絨面革 ················· 約 22cm
肩帶用 5mm 寬圓環 ·················· 5 個
裝飾用燙黏配件 ···················· 6 個

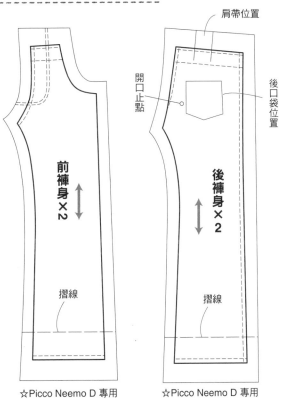

前褲身×2　摺線

後褲身×2　摺線

肩帶位置

開口止點

後口袋位置

☆Picco Neemo D 專用　　☆Picco Neemo D 專用

●材料●

身片用尼龍布 ···7cm×17cm
袖子用人工皮革 ·····································5cm×10cm
羅紋用針織布（平面或薄的雙面）···············8cm×7cm
裝飾用燙黏配件 ·····································5 個

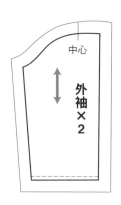
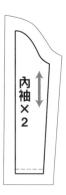

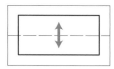

領子×1

（Picco Neemo D 專用）

☆身片、領子、下襬羅紋布、下襬拼接布與 M 尺寸通用

●材料●

身片用尼龍布 ······································· 7cm×17cm
袖子用人工皮革 ····································· 6cm×12cm
羅紋用針織布（平面或薄的雙面）··············· 6cm×11cm
裝飾用燙黏配件 ····································· 4 個

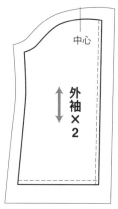
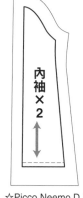

☆Picco Neemo D 專用　　☆Picco Neemo D 專用

P.22,24　M 尺寸的連帽衫

●材料●
平面針織布
・・・・・・・・・・・・・・・・・・・・ 16cm × 18cm

袖口羅紋布 × 2

（Picco Neemo D 專用）

☆身片、風帽、下襬羅紋布與 M 尺寸通用

●材料●
平面針織布
・・・・・・・・・・・・・・・・・・・・ 16cm × 18cm

袖口羅紋布 × 2
☆Picco Neemo D 專用

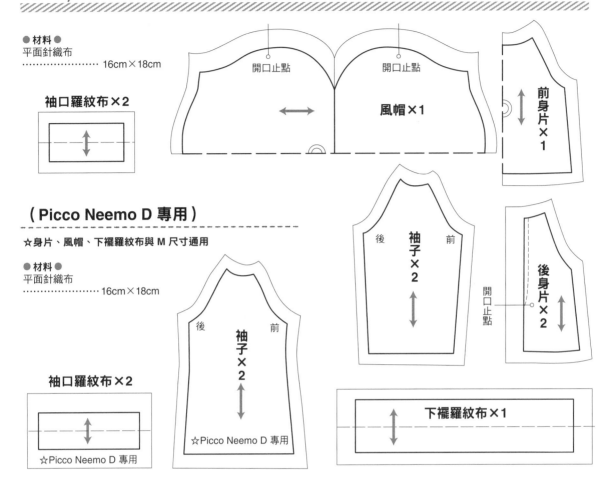

開口止點　開口止點

風帽 × 1

前身片 × 1

後　袖子 × 2　前

後身片 × 2

開口止點

後　袖子 × 2　前
☆Picco Neemo D 專用

下襬羅紋布 × 1

P.12,14,22,24　M 尺寸的襪子（Picco Neemo S · D 專用）

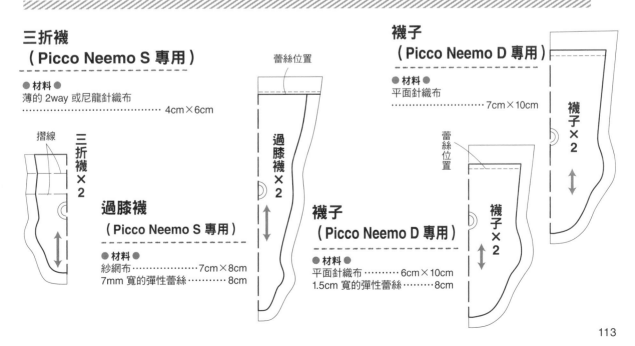

三折襪
（Picco Neemo S 專用）

●材料●
薄的 2way 或尼龍針織布
・・・・・・・・・・・・・・・・・・・・ 4cm × 6cm

摺線

三折襪 × 2

蕾絲位置

過膝襪 × 2

過膝襪
（Picco Neemo S 專用）

●材料●
紗網布 ・・・・・・・・・・・・・・7cm × 8cm
7mm 寬的彈性蕾絲 ・・・・・・・・・・8cm

襪子
（Picco Neemo D 專用）

●材料●
平面針織布
・・・・・・・・・・・・・・・・・・・・ 7cm × 10cm

蕾絲
位置

襪子 × 2

襪子
（Picco Neemo D 專用）

●材料●
平面針織布 ・・・・・・・・6cm × 10cm
1.5cm 寬的彈性蕾絲 ・・・・・・・・8cm

襪子 × 2

●材料●
薄棉布等較薄的棉布···································· 14cm×33cm
胸擋、領子用布料 ································· 18cm×12cm
裝飾的 1.5mm 寬的緞帶 ···························· 適量

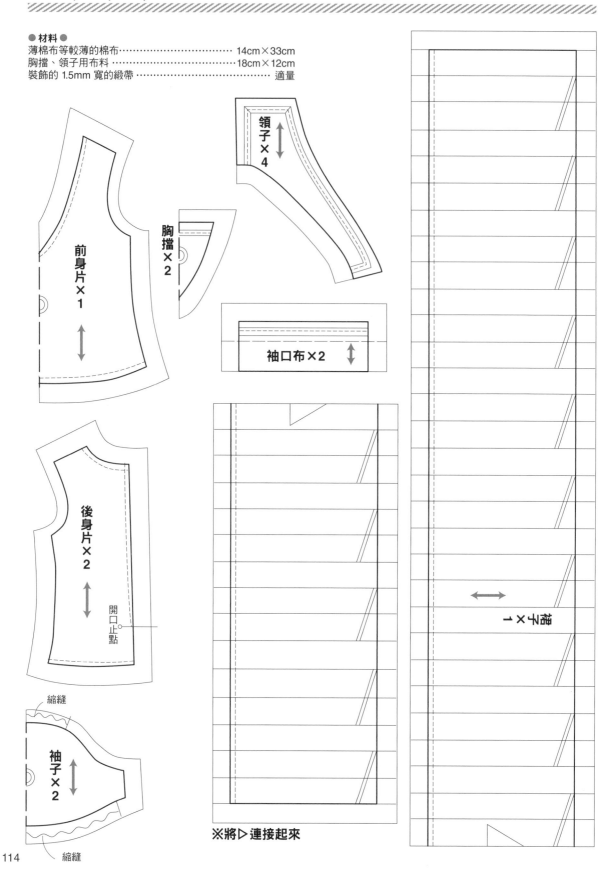

領子×4

胸擋×2

前身片×1

袖口布×2

後身片×2

開口止點

裙子×1

袖子×2

縮縫

縮縫

※將▷連接起來

水手領上衣（iMda 專用）

● 材料 ●
薄棉布等較薄的棉布··················8cm×21cm
領子布料··························10cm×7cm
裝飾用 1.5mm 寬的緞帶··················適量

● 製作方式 ●
1. 將布料裁切成各裁片，並塗上防綻液。
2. 參照水手連身裙的步驟 7～33 做出身片（不加胸擋）。
3. 將袖口沿完成線摺起，以布用接著劑暫時固定，縫上裝飾用的緞帶。
4. 參照水手連身裙的步驟 53～67，替身片加上袖子，將身片的側面縫合。
5. 下襬沿完成線摺起後壓線。
6. 背部開口的縫份沿完成線摺到開口止點稍微下面一點的位置後壓線。
7. 將後中心以正面相對縫合到開口止點。
8. 在背部開口頂端加上珠子和線環。
9. 在前中心縫上裝飾蝴蝶結。

水手領連身褲
（Scon 專用）

● 材料 ●
薄棉布等較薄的棉布················ 13cm×23cm
領子、袖口布料·················11cm×13cm
約 3mm 寬的鬆緊帶····················適量
裝飾用 3mm 寬的緞帶···················適量
裝飾用小珠·························3 顆
裝飾用 1.5mm 寬的緞帶··················適量

● 製作方式 ●
1. 將布料裁切成各裁片，並塗上防綻液。
2. 參照水手連身裙的步驟 7～33 做出身片（不加胸擋）。
3. 參照南瓜褲的步驟 2～11 做出褲子部分（下襬不加蕾絲）。
4. 在褲子的腰部縮集碎褶，與身片以正面相對縫合。
5. 縫份倒向身片側，用熨斗燙平。
6. 背部開口的縫份沿完成線摺到開口止點稍微下面一點的位置後壓線。
7. 將後中心以正面相對縫合到開口止點。
8. 將下褲襠以正面相對縫合（參照南瓜褲的步驟 14～16）。
9. 在背部開口頂端加上珠子和線環。
10. 在前中心縫上裝飾蝴蝶結和小珠。

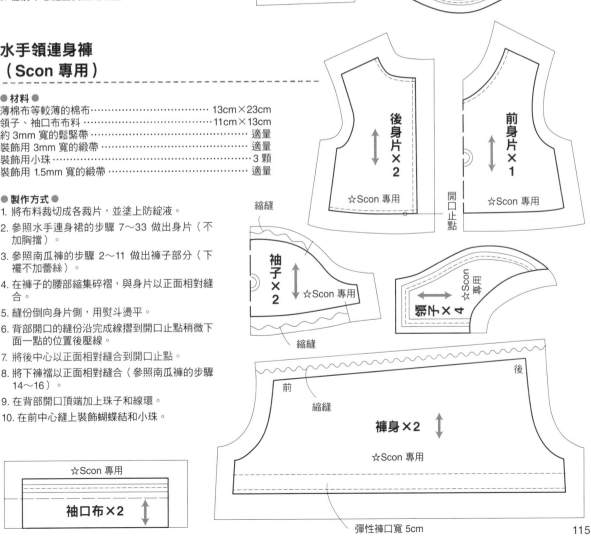

115

P.15,17,27　L 尺寸的南瓜褲（Odeco & Nikki 通用）

● 材料 ●
薄棉布等較薄的棉布‥‥‥‥‥‥‥‥‥‥‥‥‥‥‥ 7cm×20cm
蕾絲‥‥‥‥‥‥‥‥‥‥‥‥‥‥‥‥‥‥‥‥‥‥‥‥‥ 20cm
約 3mm 寬的鬆緊帶 ‥‥‥‥‥‥‥‥‥‥‥‥‥‥‥‥‥ 適量
裝飾用 3mm 寬的緞帶 ‥‥‥‥‥‥‥‥‥‥‥‥‥‥‥ 適量

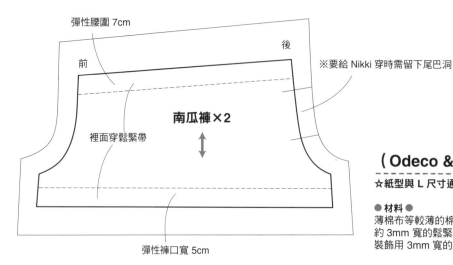

彈性腰圍 7cm
前　　　　　　　　　　　　後
※要給 Nikki 穿時需留下尾巴洞
南瓜褲×2
裡面穿鬆緊帶
彈性褲口寬 5cm

（Odeco & Nikki 專用）

☆紙型與 L 尺寸通用

● 材料 ●
薄棉布等較薄的棉布‥‥‥‥‥‥‥‥‥‥ 7cm×20cm
約 3mm 寬的鬆緊帶 ‥‥‥‥‥‥‥‥‥‥‥‥‥ 適量
裝飾用 3mm 寬的緞帶 ‥‥‥‥‥‥‥‥‥‥‥ 適量

P.15,17　L 尺寸的背帶裙

● 材料 ●
薄棉布等較薄的棉布 ‥‥‥‥‥‥‥‥‥‥‥‥ 15cm×16cm
裡布用薄紗 ‥‥‥‥‥‥‥‥‥‥‥‥‥‥‥‥ 8cm×11cm
背部開口用直徑 3mm 仿珍珠‥‥‥‥‥‥‥‥‥‥ 1 顆
裝飾用 3mm 寬的緞帶 ‥‥‥‥‥‥‥‥‥‥‥‥‥ 適量

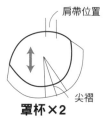

肩帶位置
罩杯×2
尖褶

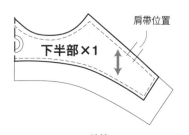

肩帶位置
下半部×1

肩帶×1（對半剪開）

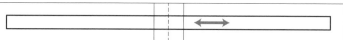

縮縫

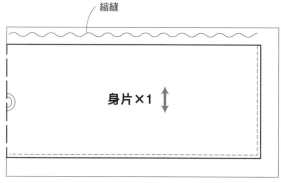

身片×1

（ruruko 專用）

● 製作方式 ●
1. 參照胸罩的步驟 1～13 做出胸罩。
2. 身片的下襬沿完成線摺起，用熨斗燙平後壓線。
3. 在身片的腰部縮集碎褶。
4. 將胸罩與身片以正面相對縫合。
5. 縫份倒向胸罩側，用熨斗燙平後壓線。
6. 後中心沿完成線摺起後壓線。
7. 背部加上珠子和線環。
8. 在前中心縫上裝飾蝴蝶結和珠子。

（Odeco & Nikki 專用）

☆身片與 L 尺寸通用

● 材料 ●
薄棉布等較薄的棉布……………………………………… 10cm×16cm
裡布用薄紗…………………………………………………… 6cm×11cm
肩帶、裝飾用 3mm 寬的緞帶………………………………………… 適量

● 製作方式 ●
1. 將布料裁切成各裁片，並塗上防綻液。
2. 縫合上衣的尖褶，尖褶倒向外側用熨斗燙平。
3. 在上衣正面的加肩帶位置以布用接著劑固定當肩帶的緞帶（參照胸罩的步驟 3）。
4. 將當裡布的薄紗和上衣以正面相對重疊縫合頂端。
5. 縫份剪出牙口，翻出正面，用熨斗整燙。
6. 在上衣背面的加肩帶位置將當肩帶的緞帶剪成 3.6cm 後以布用接著劑固定。
7. 在上衣的頂端壓線。
8. 身片的下襬沿完成線摺起，用熨斗燙平後壓線。
9. 在身片的腰部縮集碎褶。
10. 將上衣和身片以正面相對縫合。
11. 縫份倒向上衣側，用熨斗燙平後壓線。
12. 後中心沿完成線摺起後壓線。
13. 背部加上珠子和線環。
14. 在正面的加肩帶位置縫上蝴蝶結。

P.10,19,25　L 尺寸的無袖上衣

● 材料 ●
平面針織布 ………………………… 15cm×16cm
貼邊用薄紗 ………………………… 10cm×12cm

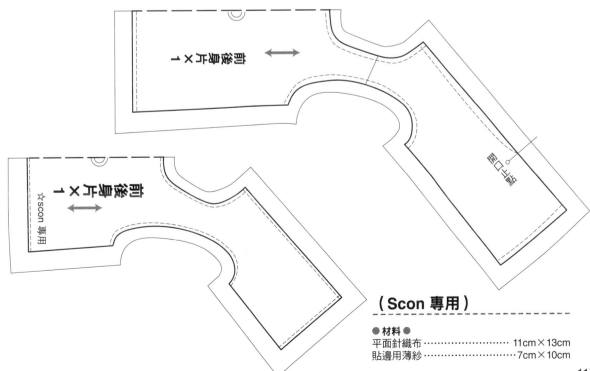

肩帶長 3.6cm
肩帶位置
尖褶

上衣×1

☆Odeco & Nikki 專用

前後身片×1

前後身片×1
☆scon 專用

開口止點

（Scon 專用）

● 材料 ●
平面針織布 ………………………… 11cm×13cm
貼邊用薄紗 ………………………… 7cm×10cm

P.19,26 L 尺寸的紗裙

● 材料 ●

薄棉布等較薄的棉布···············10cm×28cm
薄紗··························5.5cm×60cm 2 片
裝飾下襬用 1cm 寬的蕾絲··············28cm
約 3mm 寬的鬆緊帶···················適量

彈性腰圍 7.5cm

裙子 A×1

※薄紗 A 裁切成比裙子 A 稍微大一點

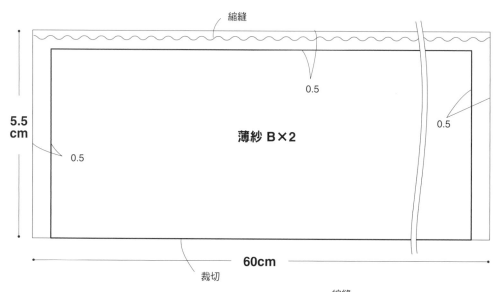

縮縫

0.5

0.5

5.5
cm

薄紗 B×2

0.5

60cm

裁切

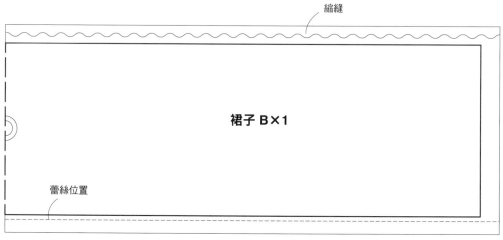

縮縫

裙子 B×1

蕾絲位置

P.4,18.21　L 尺寸的抵肩上衣

● 材料 ●
薄棉布等較薄的棉布······9cm×24cm
抵肩用布料······5cm×5cm
貼邊用薄紗······9cm×16cm
抵肩用 1cm 寬的蕾絲······10cm

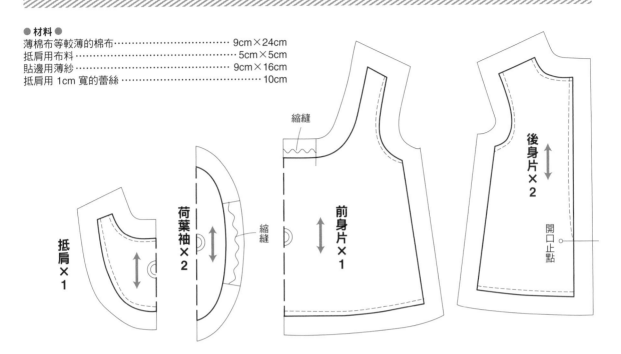

抵肩連身裙（Midi Blythe 專用）

☆抵肩、荷葉袖與 L 尺寸通用

● 材料 ●
棉布······10cm×27cm
抵肩用布料······5cm×5cm
貼邊用薄紗······12cm×20cm
抵肩用 8mm 寬的蕾絲······10cm
裝飾抵肩中心用 1.5cm 寬的蕾絲······3cm
裝飾用 1.5mm 寬的緞帶······適量

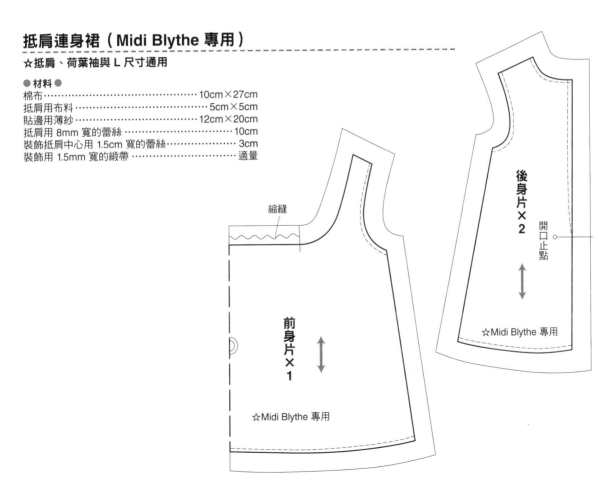

抵肩連身裙（iMda 專用）

● 材料 ●

薄棉布等較薄的棉布…………………………… 15cm×36cm
抵肩、領子用布料 …………………………………… 7cm×12cm
抵肩用 8mm 寬的蕾絲 …………………………………… 10cm
裝飾下襬、抵肩中心用 5mm 寬的蕾絲 …………………45cm
裝飾用 2mm 寬的緞帶 ……………………………………… 適量
裝飾抵肩用超小珠子 …………………………………… 4 顆

● 製作方式 ●

1. 將布料裁切成各裁片，並塗上防綻液。

2. 參照抵肩上衣的步驟 2〜5 做出抵肩。抵肩中心的裝飾蕾絲
   先縫上去。

3. 參照抵肩上衣的步驟 6〜9 將抵肩縫到身片上。

4. 參照水手連身裙的步驟 7〜17 做出領子。

5. 參照水手連身裙的步驟 22〜33 將領子縫到身片上。

6. 參照水手連身裙的步驟 43〜67 做出袖子，縫到身片上，並
   將身片的側面縫合。

7. 在荷葉邊的下襬以布用接著劑暫時固定後縫上。

8. 荷葉邊下襬縮集碎褶後與身片縫合。

9. 將縫份倒向身片側後壓線。

10. 參照水手連身裙的步驟 84〜89，縫合後中心，在頂端加上
    珠子和線環。

11. 在抵肩縫上裝飾的蝴蝶結和珠子。

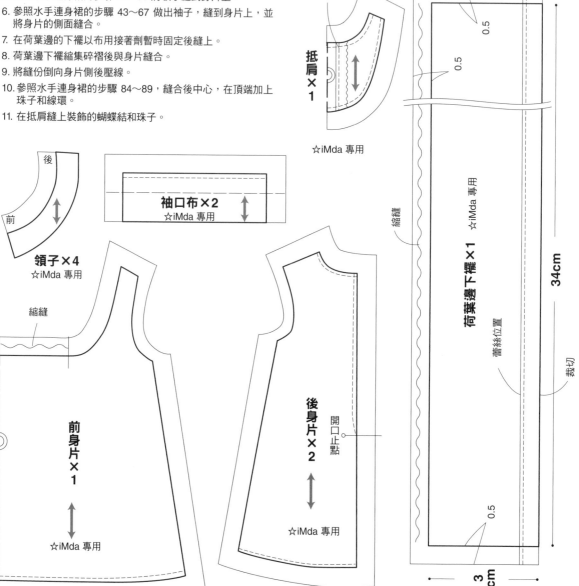

● 材料 ●

8 盎司牛仔布······················ 18cm×24cm
胸擋裡布布料······················ 5cm×5cm
背部開口用裙鉤·····················1 組
肩帶用 8mm 寬三角環 ···············2 個
直徑 4mm 釦子 ····················2 顆
裝飾用燙黏配件·····················4 個

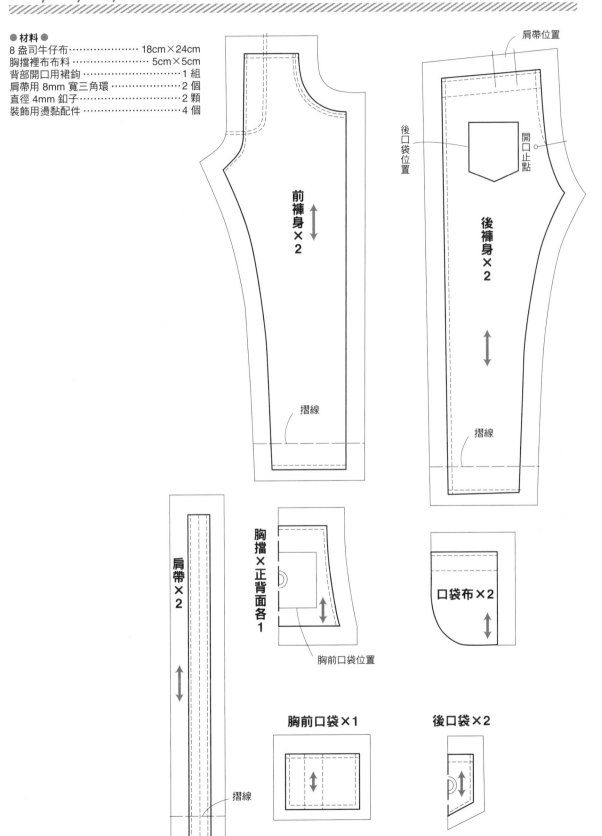

肩帶位置

後口袋位置

開口止點

前褲身×2

後褲身×2

摺線

摺線

肩帶×2

胸擋×正背面各1

口袋布×2

胸前口袋位置

摺線

胸前口袋×1

後口袋×2

（iMda 專用）

● 材料 ●

魚骨紋的棉布 ·························· 14cm×25cm
胸擋裡布布料 ··························· 4cm×5cm
背部開口用裙鉤 ····························· 1組
肩帶用 8mm 寬的三角環 ····················· 2個
直徑 4mm 釦子 ····························· 2顆
裝飾用燙黏配件 ····························· 4個

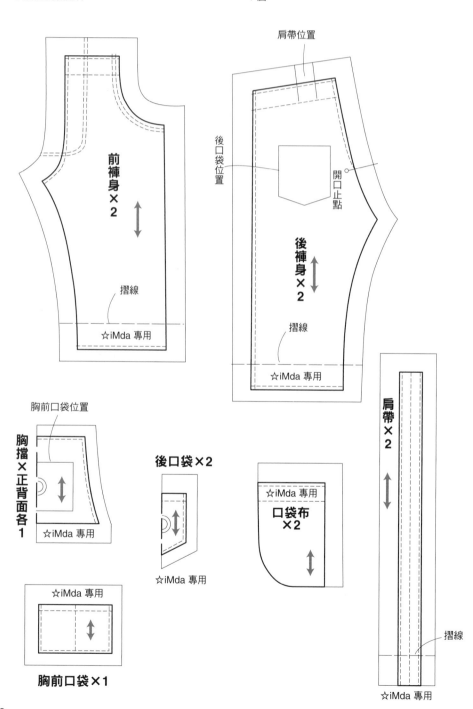

肩帶位置

後口袋位置

開口止點

前褲身×2

摺線

☆iMda 專用

後褲身×2

摺線

☆iMda 專用

胸前口袋位置

胸擋×正背面各1

☆iMda 專用

後口袋×2

☆iMda 專用

☆iMda 專用

口袋布×2

肩帶×2

摺線

☆iMda 專用

☆iMda 專用

胸前口袋×1

（scon 專用）

● 材料 ●
稍微有彈性的棉布 ·························· 12cm×21cm
胸擋裡布布料 ···························· 4cm×5cm
薄的魔鬼氈 ······························ 1.5cm×1.2cm
肩帶用 3mm 寬的人工皮革帶 ··········· 約 22cm
肩帶用 5mm 寬的帶扣 ··················· 2 個
裝飾用燙黏配件 ························· 6 個

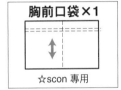

胸前口袋×1

☆scon 專用

胸前口袋位置

胸擋×正背面各 1

☆scon 專用

☆scon 專用

口袋布×2

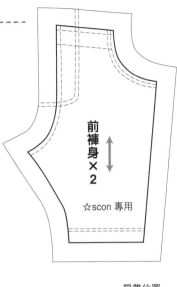

前褲身×2

☆scon 專用

肩帶位置

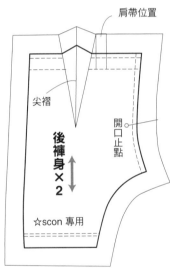

尖褶

開口止點

後褲身×2

☆scon 專用

☆風帽款式使用 L 尺寸的連帽衫風帽紙型代替領子羅紋

● 材料 ●

身片用尼龍布 ·· 10cm×23cm
袖子用人工皮革 ···7cm×16cm
羅紋用針織布（平面或薄的雙面）·························· 10cm×10cm
※風帽款式羅紋用針織布為 15cm×21cm
裝飾用燙黏配件 ··5 個

前身片×2　貼邊

後身片×1

外袖×2　中心　前

內袖×2　後

袖口羅紋布×2

領子羅紋布×1

下襬拼接布×2

下襬羅紋布×1

P.15,25 L 尺寸的連帽衫

● 材料 ●
平面針織布 ‧‧‧‧‧‧‧‧‧‧‧‧‧ 27cm × 20cm

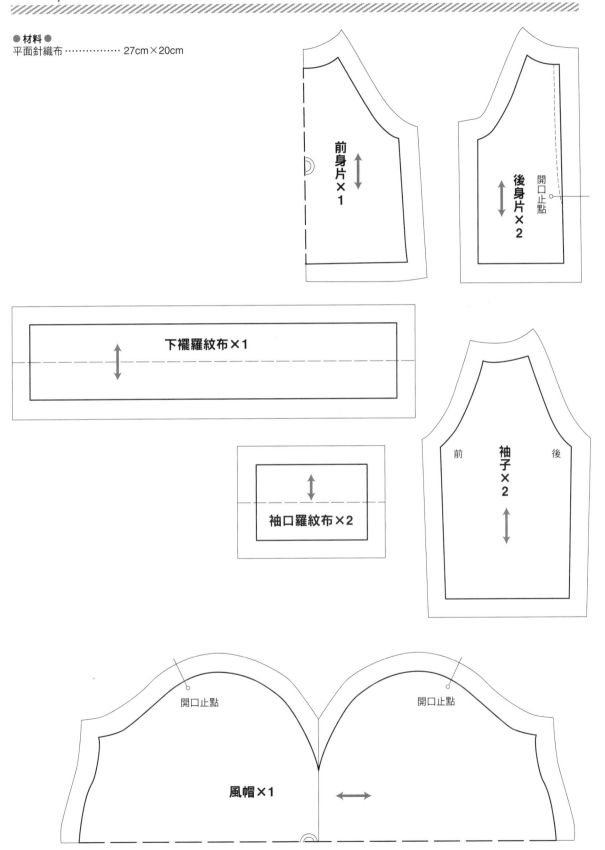

前身片×1

後身片×2

開口止點

下襬羅紋布×1

袖口羅紋布×2

前　　後　袖子×2

開口止點　　　　　　　　開口止點

風帽×1

（Odeco & Nikki 專用）

☆風帽與 L 尺寸通用

● 材料 ●
平面針織布 ····································· 26cm×18cm

前身片×1

☆Odeco & Nikki 專用

後身片×2

☆Odeco & Nikki 專用

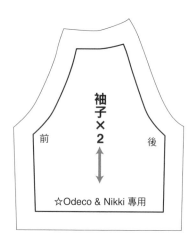

袖子×2

前　　　　　　後

☆Odeco & Nikki 專用

下襬羅紋布×1

☆Odeco & Nikki 專用

袖口羅紋布×2

☆Odeco & Nikki 專用

P.13,15,21,25　L 尺寸的襪子
（ruruko、Odeco & Nikki、Midi Blythe 專用）

長襪
（ruruko 專用）

● 材料 ●
平面針織布……………………7cm×9cm

蕾絲襪
（ruruko 專用）

☆紙型與長襪通用

● 材料 ●
薄紗針織布……………………7cm×9cm
1cm 寬的彈性蕾絲……………8cm

長襪×2
☆ruruko 專用

三折襪
（ruruko 專用）

● 材料 ●
薄的 2way 或尼龍針織布 …… 7cm×9cm
裝飾用 1.5mm 寬的緞帶 ………… 適量

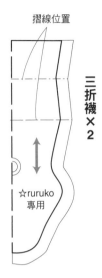

摺線位置

三折襪×2

☆ruruko 專用

過膝襪（Midi Blythe 專用）

● 材料 ●
紗網布……………………………… 8cm×8cm

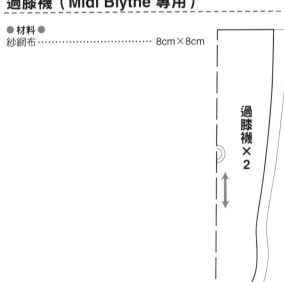

過膝襪×2

☆Midi Blythe 專用

蕾絲襪
（Odeco & Nikki 專用）

● 材料 ●
尼龍針織布 ……………………………… 5cm×10cm
1cm 寬的彈性蕾絲 ……………………… 10cm

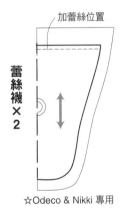

加蕾絲位置

蕾絲襪×2

☆Odeco & Nikki 專用

作者
関口妙子

2001年起開始製作娃衣。現在一面經手 PetWORKs.、Sekiguchi、AZONE INTERNATIONAL 等娃娃的服裝設計和紙型，一面以自己的品牌（F.L.C）製作獨創服裝。

Staff

Design
橘川幹子

Photo
米倉裕貴

紙型、插圖
為季法子

協力
朝霧高原理想鄉之森
AZONE INTERNATIONAL
石毛植毛所
Cross World Connections
Blythe 商店 Junie Moon
http://www.juniemoon.jp/
Clover 股份有限公司
KONISHI 股份有限公司
関口陽奈
Project Breeder
PetWORKs
DOLK
DOLLCE
iMda
risubaco
（省略敬稱依五十音排列）

娃娃屋
kesa_place
https://blogs.yahoo.co.jp/kesa_place

企畫・編輯
長又紀子（Graphic 公司）

國家圖書館出版品預行編目（CIP）資料

袖珍人偶娃娃造型服飾裁縫手冊：從基礎入門到應用修改 / 関口妙子作；張凱鈞翻譯. -- 新北市：北星圖書, 2019.07
面；　公分
譯自：小さなお人形のためのドール・コーディネイト・レシピ
ISBN 978-986-97123-8-5（平裝）

1.洋娃娃 2.手工藝

426.78   108000783

袖珍人偶娃娃造型服飾裁縫手冊：
從基礎入門到應用修改

作　　者：関口妙子
翻　　譯：張凱鈞
發 行 人：陳偉祥
發　　行：北星圖書事業股份有限公司
地　　址：234新北市永和區中正路458號B1
電　　話：886-2-29229000
傳　　真：886-2-29229041
網　　址：www.nsbooks.com.tw
E-MAIL：nsbook@nsbooks.com.tw
劃撥帳戶：北星文化事業有限公司
劃撥帳號：50042987
製版印刷：皇甫彩藝印刷股份有限公司
出 版 日：2019年7月
I S B N：978-986-97123-8-5
定　　價：450 元

如有缺頁或裝訂錯誤，請寄回更換

タイトル：小さなお人形のためのドール・コーディネイト・レシピ
—はじめてから、応用アレンジまで
著者：関口 妙子
Chiisanaoningyo no tame no douru koudineito reshipi
—hajimetekara ouyoarenjmade
© 2015 Taeko Sekiguchi
© 2015 Graphic-sha Publishing Co., Ltd.
This book was first designed and published in Japan in 2015 by Graphic-sha Publishing Co., Ltd.
This Complex Chinese translation rights arranged with Graphic-sha Publishing Co., Tokyo through LEE's Literary Agency, Taiwan
This Complex Chinese edition was published in 2019 by NORTH STAR BOOKS Co., Ltd.

Original Japanese Edition Creative Staff
Design
Motoko Kitukawa

Photos
Hirotaka Yonekura

Patterns and Illustration
Noriko Tamesue

Planning and Editing
Noriko Nagamata (Graphic-sha Publishing)